中国生物多样资源可持续利用成功经验

史娜娜　王琦　韩煜　肖能文　李俊生　等/著

中国环境出版集团·北京

图书在版编目（CIP）数据

中国生物多样资源可持续利用成功经验/史娜娜等著.—北京：中国环境
出版集团，2021.12

ISBN 978-7-5111-4870-4

Ⅰ.①中… Ⅱ.①史… Ⅲ.①生物资源－资源利用－研究－中国 Ⅳ.①Q-92

中国版本图书馆CIP数据核字（2021）第184939号

出 版 人	武德凯
策划编辑	王素娟
责任编辑	宾银平
责任校对	薄军霞
封面设计	岳　帅

出版发行　中国环境出版集团　（100062 北京市东城区广渠门内大街16号）
　　　　　　网　　址：http://www.cesp.com.cn
　　　　　　电子邮箱：bjgl@cesp.com.cn
　　　　　　联系电话：010-67112765　编辑管理部
　　　　　　　　　　　010-67162011　第四分社
　　　　　　发行热线：010-67125803　010-67113405（传真）

印　　刷	北京建宏印刷有限公司
经　　销	各地新华书店
版　　次	2021年12月第1版
印　　次	2021年12月第1次印刷
开　　本	787×960　1/16
印　　张	9.75
字　　数	200千字
定　　价	68.00元

《中国生物多样资源可持续利用成功经验》
著作委员会

主要著者

史娜娜　王　琦　韩　煜　肖能文　李俊生

参与著者（以下按姓氏拼音排序）

杜金鸿　付梦娣　高晓奇　高艳妮　汉瑞英

黄雪妍　李　果　廖飞燕　林龙圳　刘方正

刘高慧　刘勇波　罗遵兰　马　超　孟凡聪

全占军　孙　光　王　放　夏江宝　谢世林

张风春　赵彩云　赵　凯　周玉碧　周　越

朱金方　朱彦鹏

前　言

　　生物资源包括植物资源、动物资源、微生物资源等，是支撑社会经济可持续发展、保障人民生产、生活与生命健康的物质基础，也是生命科学与生物技术的基石。生物资源是非常宝贵的财富，可以满足人类的衣食住行需求，在农业、工业等领域发挥着重要作用。中国是世界上生物多样性最丰富的国家之一，出台了各种政策促进生物资源领域发展。一方面，充分发挥了生物资源的经济价值，通过生物技术创新形成产业，产生巨大的经济效益，具体体现在农业、医药、保健、化妆品等领域；另一方面，生物资源的利用必须是可持续的，并以生物多样性保护为前提。我们要做的就是既要保护生物多样性，又要保障生物资源和生态系统持续为人类提供服务，实现人与自然和谐共生。

　　中国政府高度重视生态文明建设和生物多样性保护与可持续利用工作。加强生物多样性保护与可持续利用，是生态文明建设的重要内容，是推动可持续发展的重要抓手。为此，中国政府出台了一系列生物资源保护和可持续利用的政策，并取得了可喜的成就。2007年，国家环境保护总局发布了《全国生物物种资源保护与利用规划纲要》；2010年，环境保护部印发了《中国生物多样性保护战略与行动计划（2011—2030年）》；2011年，中国成立了"中国生物多样性保护国家委员会"；2014年，环境保护部印发了《加强生物遗传资源管理国家工作方案（2014—2020年）》；2016年，国家发展和改革委员会发布了《"十三五"生物产业发展规划》，提出建设生物资源样本库、生物信息数据库和生物资源信息一体化体系；2017年，科学技术部印发了《"十三五"生物技术创新专项规划》，明确了中国战略性生物资源的发展目标和发展举措。

2021 年 10 月，《生物多样性公约》COP15 第一阶段会议在中国昆明举办，为推介中国在生物资源保护与可持续利用方面的成功经验提供了契机。

本书收集了中国在遗传资源、野生动植物资源、森林和草地资源、渔业资源和特色生物资源的保护与可持续利用方面的成功案例。

本书面向国内外生物资源保护与可持续利用领域的决策者和从业人员，同时也为有志于从事生物资源保护与可持续利用的企事业单位、个人和相关机构提供借鉴参考。

本书出版得到生态环境部"生物多样性保护专项——生物多样性调查与评估"项目和科学技术部国家重点研发计划项目子课题"脆弱生态区生态综合监测体系研究"的资助，在此深表感谢。另外，要特别感谢中国环境科学研究院张风春研究员在案例收集、整理、提炼过程中给予的具体指导和提出的宝贵意见。

由于时间仓促，加之我们水平有限，书中的不当之处甚至谬误在所难免，敬请读者批评指正。

著者

2021 年于北京

目 录

第1章

遗传资源

遗传多样性是生物多样性的重要组成部分。遗传资源主要包括畜禽遗传资源、农作物遗传资源、林木遗传资源等。它们对促进可持续膳食、医药、生产生活原料供给和生态系统服务能力提升至关重要，是实现经济社会可持续发展的重要基础和保障。要实现遗传资源的可持续利用，不仅需要国家的政策倾斜、科技投入、资金支撑，更需要开发具有地方特色的遗传资源产品，并进行大力发展和推广，全面提升生物产品的品质和市场竞争力，从而获得遗传资源的最大收益，并满足未来需求，更好地促进社会进步和经济发展。本章收集的案例可为遗传资源可持续利用提供借鉴和参考。

青稞资源推动青藏高原经济发展

青藏高原高寒冷凉，严重缺氧，能够在海拔 4 000 m 地区成熟的粮食作物较少。近年来，青藏高原由于人口压力，追求口感和高产，淘汰了一些产量不高、口感差但具有优良遗传性状的品种，导致了粮食作物遗传资源的减少和部分丧失。而高寒地区粮食作物是一种非常重要的生物遗传资源，具有重要的遗传学价值，其保护与开发利用是一个非常重要而复杂的问题。

案例描述

青稞（*Hordeum vulgare*）别称裸大麦、元麦、米大麦、淮麦，主要分布于西藏自治区、青海省、四川省西北部、甘肃省西南部及云南省西北部。青稞是青藏高原一年一熟的高寒农业区的主要粮食作物（图 1-1-1），其营养成分较水稻、小麦、玉米更高，不仅是藏区居民的主要食粮、燃料和牲畜饲料，而且也是啤酒、医药和保健品生产的原料，具有广泛的药用以及营养价值。目前，青海省共有青稞品种 44 个，2018 年全省青稞种植面积达到 100 万亩*，占全省粮食作物播种面积的 1/4，青稞产量约占中国藏区青稞总产量的 20%。青稞作为一种重要的生物遗传资源，其可持续利用情况如下。

（1）依托青稞资源，青海省成立了大量生产青稞酒、饼干等产品的企业，为推动社会发展做出了巨大贡献。例如，青海互助青稞酒股份有限公司致力于天佑德青稞酒的研发、生产和销售，旗下拥有 4 家全资子公司和 2 家控股子公司，总资产 30 亿元，员工 2 200 余人，被誉为"中国青稞酒之源"。该公司主营的青稞酒有互助、天佑德、八大作坊、永庆和、世义德等多个系列，经济收益十分可观。其中，天佑德酒厂（图 1-1-2）2018 年营业总收入达 13.74 亿元，年利润总额达 1.645 亿元。青稞酒是青稞从初级原料转化为高附

---

* 1 亩 ≈ 666.67 m²。

加值产品的一个重要渠道，促使青稞价值增加几倍至几十倍，这是西部欠发达贫困地区广大人民群众脱贫致富、改善经济条件的一条捷径。

图 1-1-1　青稞（孙光　摄）　　　　图 1-1-2　天佑德酒厂（孙光　摄）

2018 年，可可西里集团公司在青稞行情下行的情况下，以高出市场价格 0.5 元的价格收购 600 t 青稞，并出资 3 万元修筑农村道路，建立脱贫攻坚帮扶点，带动了 9 个合作社的农牧民增收。

可可西里集团公司致力于青稞生产加工，在西宁市大通县投资 1.37 亿元，建设可可西里工业文化旅游青稞扶贫产业项目，已建成 4 条青稞产品生产线，2 条青稞糌粑饼系列产品生产线，引进了国内一流厂家机械设备，以青稞为原料开发系列产品，计划未来几年可实现年消化青稞原料 5 万 t，用于生产"可可西里"牌青稞糌粑饼、青稞面粉、青稞米、青稞炒面、青稞蛋糕、青稞挂面等系列产品，生产青稞制品 3.6 万 t。

（2）以青稞资源为核心，秉承"绿色健康"的发展理念，可可西里集团公司创建了"公司 + 基地 + 合作社 + 农牧户"和"订单农业"等生产管理模式，捆绑成"利益共享，风险共担"的联结机制。实行种、产、加、销的产业化经营模式，以高于市场价价格收购青稞，与青海省农林科学院、青藏高原农产品加工重点实验室等科研单位进行产学研技术合作，开发了一系列富有青海特色的青稞产品。通过合作发展青稞产业，实现了财政增收和当地农牧民增收的共赢局面，为青海省青稞产品走出青海、走向全国，为农牧户增收致富脱贫助力。

青海省启动了 2 100 t 青稞饼干和 9 000 t 青稞降糖面条产业化开发项目，为青稞产品的深加工提供了可靠保障。近年来，天地公司先后吸纳 80 多名农牧民就业，并为其缴纳"五险一金"，人均年收入达到 4 万多元。在每年的生产旺季，招聘农牧民临时工达 100 多人，月收入 5 000 多元。

2018 年，青海省开发的青海湖青稞白啤酒上市，开辟了青稞产品深加工的新渠道。青海湖青稞白啤酒选用青藏高原 3 500 m 青稞麦芽、澳大利亚进口大麦芽，使用青藏高原纯净无污染的原水，添加了捷克进口的萨兹香型酒花，选用珍贵的上发酵酵母（Ales 酵母）和传统白啤发酵工艺酿造而成。黄河啤酒集团积极响应青海省政府号召，推出青海湖青稞白啤酒、青稞精酿啤酒、青海湖高原青稞啤酒等带有本地特色的高端啤酒。青稞白啤酒的生产提高了青稞的收购价格，同时吸纳当地农牧民就业，农牧民由放牧和农业生产转为为工厂做工，提高了农牧民的收入，让农牧民切实得到实惠。

案例亮点

（1）资源保护与经济发展协同增效。这是在青藏高原开展农作物遗传资源保护与可持续利用的典型案例，为高寒地区的经济和社会发展提供了一条双赢的途径。

（2）科技创新提供技术保障。利用现代生物技术手段和方法促进青稞产品研发，充分挖掘青稞的食用和药用功效，有利于青稞遗传资源的保护和利用。

（3）推广和传承青稞文化。青稞不仅具有重要的物质文化，通过青稞产品的推广和传承，将其延伸至精神文化领域，在青藏高原上形成了内涵丰富、极富民族特色的青稞文化。

适用范围

适用于青藏高原农作物遗传资源的保护与开发利用，其他高原农作物的可持续利用可借鉴本案例。

（史娜娜）

湖南油菜享誉世界

中国既是油料生产大国，又是油料消费大国，目前，我国食用植物油自给率仅为 35%，其中，油菜提供了 50% 以上的产油量。保障国家油料生产安全和食用油有效供给是建设现代新型农业的首要任务。长江流域作为中国油菜的重要产区，如能充分利用好 4 亿亩冬闲田资源发展油菜生产，在保障食用植物油安全供给、促进乡村振兴方面作用重大。近年来，稻田多熟制油菜生产仍面临着两大问题，即油菜产业效益低下、产业萎缩，稻田地力下降、消耗加剧。因此，如何保障油菜产业可持续发展，维护国家食物供给安全，是当前面临的重大挑战。

案例描述

油菜（*Brassica napus*）是中国重要的油料作物，具有很高的经济价值，中国的种植面积约占世界的 1/4。油菜分冬油菜和春油菜，冬油菜主要在长江流域种植。世界油菜看中国，中国油菜看湖南，湖南油菜可持续发展的主要经验如下。

（1）新品种选育。依托油菜薹特殊的富硒功能，利用现代育种手段——聚合杂交、小孢子培育、分子标记，王汉中院士团队 2019 年选育成功全球首个硒高效油菜杂交种——硒滋圆 1 号，它的硒富集能力极强，在多个非富硒土壤种植后，油菜薹硒含量在 0.01 ～ 0.07 mg/kg，此外，它富含钙、维生素 C、氨基酸和锌，具有巨大的医疗保健功效开发潜力。硒滋圆 1 号在播种后的 2 个月即可采摘，一次种植可采摘 3 ～ 4 茬，每 1 000 m² 产量为 900 ～ 1 200 kg。

2019 年官春云院士团队选育出 5 个于每年 4 月 25 日以前成熟且亩产可达 150 kg 的特早熟油菜新品种，填补了中国特早熟品种的空白。该品种的种植有效解决了长江流域稻—稻—油三熟制的茬口矛盾，为扩大冬闲田油菜的种植面积，实现稻—稻—油三熟制全年增产增效和可持续发展提供了关键支撑。

以黄籽油菜为突破口，官春云院士团队选育成功"三高"油菜新品种新组合16个，达到亩产200 kg左右、含油量48%以上、油酸含量75%以上，实现200元以上的亩均增效贡献。此外，利用辐射诱变育种技术，创制出的新种质、新品系的油酸含量高达80%以上，并创造了93.6%的最高纪录。

官春云院士团队的成果在南方区域示范推广2 200余万亩，新增收菜籽3.5亿kg，新增直接经济效益20亿元，带动湖南省乃至南方油菜种植面积稳定提升。其中，2018年仅湖南一省的油菜播种面积就达2 050万亩，是2013年的1.08倍。

（2）采用新型耕作发展方式促进油菜增产。水旱轮作能够挖掘冬闲田的生产潜力，新增油菜种植面积约139.95万亩，稻—油轮作比稻—稻轮作年均增产6.3%。采用全过程机械化生产，带动湖南省的机械化率提高到54.7%，增长2.42倍，同时亩均增效100元以上，实现了向高科技贡献率转变。同时，扶持新型经营主体，如种植大户、家庭农场、合作社等，发展适度规模经营，加强油菜籽生产基地与油脂加工龙头企业的直接对接，强化油菜全产业链融合（图1-2-1）。

图1-2-1　湖南油菜（廖飞燕　摄）

（3）推动油菜多功能利用技术集成示范。在婺源县开展 2.6 万亩的示范，涉及 6 个乡镇 22 个村，3 条绿色生产线，4 家乡村旅游企业，集成 10 项国内最新科技成果，包括多功能品种、耕种、饲用、菜油两用、花期延长、蜜蜂授粉增产提质、油菜肥用、菌核病和根肿病综合防治、联合机收、绿色高效加工等，实现了油菜全产业链绿色生产，充分挖掘油菜的六大功能，即油用、花用、蜜用、菜用、饲用、肥用。通过科技有效融合了第一、第二、第三产业，促进生态休闲农业和乡村旅游业的发展，湖南省自 2018 年开始每年举办一次油菜花节。

案例亮点

（1）探索农业发展新模式。探索适合长江流域冬油菜可持续利用的全产业链现代新型农业发展模式，具有推广价值。

（2）借助现代科技手段的力量。现代科技的发展为油菜资源可持续利用提供了技术保障，促进了优良基因的遗传和留存。

（3）发展休闲观光农业。休闲观光农业的兴起为油菜可持续发展带来新的机遇，将农业绿色生产和乡村旅游有机结合，实现了农旅融合，体现了油菜的观赏和食用功能。

适用范围

适用于长江流域油菜种植区、双季稻和油菜轮作区，西北高寒油菜种植区，东北油菜种植区以及其他油菜种植区。

（史娜娜）

案例 1-3

野大豆种质资源市场开发潜力巨大

种质资源又称遗传资源，是生物学研究和育种改良的重要基础。近年来，由于大规模的开荒、放牧、农田改造、兴修水利以及基本建设等，植被破坏严重，部分种质资源的自然分布区日益缩减。种质资源是基因的载体，挖掘和充分利用种质资源中的优异基因，是培育新品种的基础；开发种质资源市场不仅会对农业产生巨大的推动作用，还可以促进种质资源的保护和可持续利用。

案例描述

野大豆（*Glycine soja*）作为大豆属一年生缠绕草本植物，是非常重要的野生资源植物，其茎叶可作家畜饲料，种子可食，全株可入药，并具有重要的农业育种价值（图 1-3-1）。但是，近年来，由于对土地资源的过度开发造成植被破坏严重，野大豆的自然分布区域日益缩减，已成为渐危种，被列为国家 II 级重点保护野生植物。野大豆是唯一能和栽培大豆杂交而且杂种可育、分享种质资源库的野生种，并具根瘤和蜜腺，营养丰富，用途广泛，产量高，是一种开发潜力巨大、前景广阔的固氮、蜜源、饲用植物。

图 1-3-1 野大豆（李果 摄）

野大豆的大面积自然分布区在黄河三角洲入河口被发现，黄河三角洲国家级自然保护区大汶流管理站对野大豆的保护点设立了核心保护区（6.67 km²）和缓冲保护区，四周设置围栏、保护性标志、观测点、保护警示牌等多种工程措施，并配备 4 人进行日常管护，同时还在自然保护区的各交通要道、路口、边界进行巡逻、检查，严禁人畜、车辆进入项目区，防范火灾、滥割等现象，确保野大豆种质资源得以有效保护与繁衍。此外，重庆市云阳县和开县也设立了 2 个野大豆原生境保护点。

目前，野大豆作为重要的种质资源，在育种、食用、饲用、药用等方面应用前景广阔。

（1）育种应用。据测定，野大豆平均蛋白质含量达 46.8%，比栽培大豆高 4.65%，有的野大豆蛋白质含量可高达 55.0% 以上。野生种和栽培种没有生殖隔离和杂交不育性，高蛋白基因通过一般的杂交育种方法就可以转移到栽培大豆中。利用野生大豆杂交育种，可大幅度提高栽培大豆的蛋白质和油质含量，进一步培育优良的大豆品种。1994 年我国首次取得具有野生表现型的质—核互作及同型保持系，培育出了世界上第一株大豆杂交种，增产量达到 20%，并投入生产使用，后又应用野生资源及其后代陆续育成铁丰 18 号、辽豆 3 号、吉豆 34 号、吉豆 2 号、吉豆 4 号等高产、稳产优质的大豆品种；选育出的小粒黄豆品种被推广到韩国、日本。

（2）饲用应用。野大豆还是牛、马、羊等各种牲畜喜食的牧草。野大豆具有蔓生性强、覆盖度大、产草量高的特征，可以直接开发利用为牧草，也可以人工补播，提高牧草产量。

（3）药用价值。野大豆是一种中草药资源，有清肺、解毒、止血、治伤、益肾、化脓肿等功效（图 1-3-2）。青岛大学科研处科技开发服务中心已经从野大豆中提取了大豆异黄酮、大豆皂苷、大豆低聚糖、大豆磷脂等珍贵药用成分，而且纯度达 90% 以上。从大豆中提取的异黄酮、皂苷等药物成分，对人类抗癌、治疗心脑血管病、增强人体免疫力、治疗更年期疾病、抗衰老等有特殊药用效果，具有很强的市场开发潜力。

案例亮点

（1）加强种质资源保护与研究。野大豆是改良栽培大豆的重要物质基础

图1-3-2 野大豆（李果 摄）

和研究遗传育种生物技术必不可少的载体，对研究野大豆优良遗传基因、改良大豆品质、提高大豆产量具有极重要的作用。

（2）攻克技术难关，做好技术储备。野大豆是一种新兴的营养价值很高的药食兼用食品，探索和解决野大豆保护利用过程中的技术难点，为科学合理地开发、利用、保护野生大豆资源做好技术储备。

（3）多途径可持续利用，实现双赢。多途径大力促进野大豆利用，保存野大豆种质资源，助力野大豆遗传多样性研究，并提高其应用效果，实现生态效益和经济效益双赢。

适用范围

适用于除新疆、青海和海南省（区）外的中国全部地区，特别是以大豆为主要饲用和食用原料的地区。

（史娜娜）

黑果枸杞凸显生态价值和药用价值

在中国西北干旱半干旱地区，某些特有的兼具耐盐碱和抗旱特性的野生灌木，不仅具有重要的防风固沙和水土保持功能，还具有丰富的营养价值、良好的经济价值及潜在的药用价值，已被应用于饮料、保健品、药品等诸多行业。这些野生灌木资源因其特有的价值受到大规模掠夺性开采，致使天然分布区减少或碎片化；而采矿、挖盐、修路等基础设施建设工程的影响，也让野生植被居群的规模及分布区域迅速减小，其资源已远远不能满足可持续发展的需求。因此，需要将此类野生植物资源的生态价值与药用价值结合起来，规范种植技术、制定相应的药材质量标准，为生物多样性保护贡献力量，同时为药用植物新资源开发提供参考。

案例描述

黑果枸杞（*Lycium ruthenicum*）是迄今为止发现的原花青素含量最高的野生植物，有"花青素之王"和"养生软黄金"的美誉。黑果枸杞主要分布在中国的青海、新疆、宁夏、甘肃等省（区），而青海省的野生黑果枸杞品质和花青素含量是最高的(图1-4-1)。

图 1-4-1　野生黑果枸杞（孙光　摄）

黑果枸杞不仅具有药用和食用价值，还因其作为西北干旱荒漠地区的特有野生植物而具有水土保持和防风固沙的功能。

黑果枸杞目前已经实现人工种植。近年来，青海省德令哈市不断调整农牧业产业结构，发展黑果枸杞产业，充分利用黑果枸杞资源，将黑果枸杞作为节水、节肥、增产、增收、改善生态和打造绿色生物资源的优势产业进行重点培育，黑果枸杞种植规模正稳步扩大，产品市场份额和美誉度不断提升。德令哈市可持续利用黑果枸杞资源的具体情况是：

（1）不断壮大规模，开展标准化种植。形成"企业＋农户"模式，逐年扩大黑果枸杞的种植面积，通过建立生产示范区、示范企业和示范户，实现黑果枸杞种植标准化。目前，海西州野生黑果枸杞分布面积约 31 000 hm²，干果总产量约 60 t，总产值 1 500 万元。人工种植面积 3 353 hm²，丰产年干果单产达到 3 t/hm²，总产量约 10 059 t，总产值约 25.2 亿元。通过人工种植，不但扩大了黑果枸杞产量，而且逐步扩大了惠益面，带来了丰厚的社会效益和生态效益。

（2）加强品系培育。目前，黑果枸杞已经选育出性状稳定、适合栽培种植的 3 个品系。通过培育种植企业、加工企业、深加工企业和黑果枸杞专业合作社，建起了制干基地，促进了黑果枸杞的种植和加工协调，粗加工和精加工配套，通过这种方式既提高了黑果枸杞资源的精深加工利用水平，又提高了产品质量。同时，以德令哈绿色生物产业园区为中心，引领产业体系纵深发展（图1-4-2）。

（3）加强黑果枸杞资源就地转化增值。2017 年北京同仁堂健康药业落地德令哈市，诺蓝杞狼喜饮料系列保健品生产线和华牛生物枸杞酵素项目一期工程建成投产，"沃福百瑞有机枸杞全产业链"正在加快建设。由此德

图 1-4-2　种植黑果枸杞（孙光　摄）

令哈市打造出了一条精深加工、产销结构完整的黑果枸杞产业链，逐步达到了黑果枸杞资源就地转化增值的目标。

（4）让黑果枸杞资源形成三产融合发展体系。自2017年以来，每年黑果枸杞采摘劳务工近万人，采摘费均价为3.0元/kg，一个采摘期人均收入约为6 600元。精深加工带动第二产业发展，加工包装业、物流业、服务业和旅游业等第三产业迅速提升，实现了"接二连三"。因此，黑果枸杞的资源开发有力带动了农牧民增收致富，良好的种植和推广前景使黑果枸杞经济价值不断凸显。

案例亮点

（1）保护与可持续发展协同增效。德令哈市将黑果枸杞资源的生态价值和药用价值结合起来，形成三产融合发展体系，为黑果枸杞的迅速推广应用及综合开发和可持续利用提供了科学依据和成功经验。

（2）标准化种植推广价值大。推行种植基地标准化，规范了种植技术，既保障了黑果枸杞的质量、提高了产量，又带来了丰厚的社会效益和生态效益。

（3）政府、企业与农户协同合作。政府支持资源产业化发展，积极引导相关企业落地，引导其就地转化增值，极大地促进了生物资源的利用与发展，同时提高了当地农户的经济收入。

适用范围

适用于中国西北干旱半干旱地区及荒漠地区黑果枸杞的种植、培育和产品研发，其他高寒地区生物资源的可持续利用可借鉴本案例。

（史娜娜　孙光）

案例 1-5

苍溪县红心猕猴桃成就中国名片

　　水果是重要的农产品之一，发展现代水果产业，不仅有利于农村产业结构调整，而且可以实现水果资源的可持续开发和利用。水果产业不仅有助于提高农民收入和解决农民就业，还可以提升农产品的国际竞争力，实现资源的可持续经营。如何将水果产业做大做强，成为经济发展的支柱产业，是水果产业发展面临的挑战和机遇。

案例描述

　　红心猕猴桃是既可直接食用，又可药用的品种。四川省苍溪县是世界红心猕猴桃的起源地，苍溪县境内有 255 km² 野生红心猕猴桃资源。依托野生红心猕猴桃资源，苍溪县实现了从传统粮油农业向现代农业的转变，借助农业供给侧结构性改革的东风，将现代农业产业与工业、旅游业、服务业等深度融合，进入了可持续发展的"快车道"（图 1-5-1）。

　　（1）推行猕药套作的高效种植模式，聚力有机猕猴桃。苍溪县通过科学规划，在投产前 3 年，密植白芨，投产后稀疏种植。推行猕药套作种植模式，提高了种植效率和质量，经济价值可以翻倍。科学配置红心、黄心、绿心猕猴桃品种，实行有机种植，全县增种有机果 6 000 亩，到 2020 年年底有机果认证规模达 2.4 万亩。按照"一核多园四链"的产业布局结构，苍溪县建成红心猕猴桃加工及冷链物流园、万吨猕猴桃采后处理中心，新开发猕猴桃精深加工产品 32 种，满足数量、品种和质量需求，突出特色，打响品牌；苍溪红心猕猴桃被评为全国猕猴桃生态原产地保护产品，获得绿色食品标识和国家出口基地认证、欧盟认证、质量安全体系认证，多次获得国际农产品交易会金奖，被列为"广元七绝"之首。

　　（2）苍溪县创新性采用"农、旅、医、养、疗"的互动发展模式，将生

图 1-5-1　猕猴桃藤本（刘勇波　摄）

物资源优势转化为产业发展优势，开发生态旅游。苍溪县已建成红心猕猴桃国家 AAA 级旅游景区 2 个，乡村旅游休闲体验农庄 187 家，成功举办了四届红心猕猴桃采摘节，开创了乡村旅游新局面；同时，坚持"大园区带小庭院"联动循环发展，建成 11 个万亩园区、66 个千亩园区，带动 10 万余农户建成"户办庭园"。全县累计建成生态小康新村 430 个，打造生态家园户 12.9 万户，新村覆盖面达 67%。

（3）推行"龙头企业＋专合社＋基地＋农户"新型经营模式。通过推行"龙头企业＋专合社＋基地＋农户"新型经营模式，引进和培育龙头企业 7 家（1 家上市公司），专合社 450 家；同时，通过租赁、股权量化、入股联营和"五统一保""四保三分红"等方式进行利益联结，利用"三园"联结，即大园区—小庭园、加工园—物流园、种植园—旅游园，形成 75% 以上的农企利益联结面。全县猕猴桃种植面积达 38.5 万亩，年产猕猴桃鲜果 12 万 t，从业人员 22 万人，电商收入 12 亿元，年综合产值超 60 亿元，带动贫困户年人均增收 5 500 元以上，红心猕猴桃真正成了富民强县的支柱产业。

（4）融合产业发展、旅游资源、乡村文化等元素，大力发展农业乡村旅游，喜迎农旅融合、收入倍增的局面。2017 年，苍溪县游客接待量 607 万人次，约为 2010 年的 4 倍，综合旅游收入 36.10 亿元，约为 2010 年的 6 倍。

苍溪县自选育出全球首个红心猕猴桃新品种——红阳以来，又相继培育出红华、红美、红昇等一大批新品种。其中，红阳已在 61 个国家和地区申请品种登记，成为全球第三代有机猕猴桃首选换代品种。苍溪县研制成功红心猕猴桃果脯、果醋、红酒、酵素、果酱、果汁等系列产品，在第四届红心猕猴桃采摘节中，一盒猕猴桃酵素，拍出了 2 800 元的高价；苍溪县还聚力研发猕猴桃果素面膜等产品，进一步打开深加工渠道，丰富产品种类。

2017 年，苍溪县入选中国红心猕猴桃第一县、国家现代农业猕猴桃示范区，红心猕猴桃成为"全国产业扶贫十大优秀范例"。苍溪县猕猴桃鲜果远销欧盟、东南亚等 21 个国家和地区，多次荣获国家农博会金奖。红心猕猴桃产业已初步形成了产业集群化、生产标准化、经营合作化、技术集成化、服务社会化的现代产业发展格局。

案例亮点

（1）推行新型经营模式，多方合作促发展。借助政府发动、科技推动、政策驱动、龙头带动、宣传鼓动五大力量，实现了苍溪县"脱贫奔康"，走出了利用生物资源发展现代农业的高科技之路，具有推广价值。

（2）壮大产业与农民脱贫协同增效。苍溪县着力做大基地、做优品质、做强品牌，通过全线发力，将猕猴桃产业作为农业跨越发展的领军产业和农民增收致富的支柱产业来抓，既带动了经济发展，帮助农民脱贫，又实现了生物资源可持续利用。

（3）多途径开发，提高利用效率。生物资源的多样开发利用途径，既丰富了产品种类，又提高了资源利用效率，具有借鉴意义。

（4）持续扩大品牌效应。苍溪县红心猕猴桃远销海外，产生了一定的国际影响力，有利于树立良好的国际形象，并有利于持续扩大品牌效应。

适用范围

适用于猕猴桃种植地区发展现代猕猴桃产业，其他水果产业的发展也可借鉴苍溪县产业脱贫的案例。

（史娜娜）

仿原生境三七种植模式破解中药材利用困境

随着人们对中药材利用的日益增多，野生中药植物资源的种群数量有所下降。为了维持药用植物的可持续利用，中药材的人工种植和栽培应运而生。由于药用植物的人工栽培条件与野外生存环境相异，人工种植品种的品质和效用都不及野生品种。在众多药用植物的人工栽培经验中，林下三七种植开创了仿原生境种植三七的成功先例，这一创举为中药材提质增效与林下产业发展提供了新的路径与范本。

案例描述

三七（*Panax notoginseng*）为五加科人参属植物，是中国传统名贵中药材。随着市场需求量的不断增加，三七种植面积不断扩大。三七生长存在严重的连作障碍，即种植三七的土地在完成一季后，不能连续耕作，三七种植需要大量宝贵的耕地资源。传统的新地轮作种植方式，使适宜三七种植的耕地面积不断减少。云南省利用丰富的林下资源开展三七原生态种植，是破解三七种植困境的重要方式。

澜沧县地处北回归线以南，属亚热带季风气候，干湿季明显，春秋季长，夏季较短，四季温和，水、热、光资源充足，年平均气温 18.6℃，为林下三七种植提供了良好的生长条件。澜沧县森林面积 831.81 万亩，约占全县总面积的 63%。统计资料显示，澜沧县有思茅松林总面积 260 多万亩，为实施林下三七种植奠定了基础。

中国工程院朱有勇院士团队根据物种相克相生原理，利用针叶林和三七之间的相生特性，构建出思茅松林下三七种植技术，松针降解后的土壤中含有大量有益于三七生长的微生物，既能增强植株对病虫害的抗性，又能抑制病原菌的生长。

2016 年，朱有勇院士团队在竹塘乡开展思茅松林下有机三七种植试验示范，从不同海拔、坡度、坡位、坡向开展林下有机三七栽培技术研究。思茅松林下三七种植利用林下荫凉环境和丰富的落叶腐殖质，节约人工、遮阴、农药等生产成本，充分还原了天然三七的野生生境，在提高三七品质和价值的同时，提高了林地的利用率，保护了生态环境。

当地政府为推广林下三七种植，制定了《关于规范林下有机三七产业发展的决定》，明确采取"工程院＋企业＋合作社＋农户"的模式推广林下三七种植。按照院士专家提出的技术出标准，由企业出资金做市场，农户出林地和劳动力。按这种方式，农户可以从租金、整地播种、管理、劳务输出、收益分红五个方面实现收益。

澜沧县政府制定了《澜沧县林下三七种植管理办法（试行）》，要求澜沧县从事林下三七种植的应当向县林业行政主管部门申请种植备案，必须严格执行林下有机三七种植技术及管理制度规范，即严格执行"三防两不准"：防火、防盗、防鼠，不准使用一滴农药、不准施用一颗化肥。严格执行"三证制度"：中国工程院澜沧院士专家工作站知识产权授权书、企业承诺书、澜沧县人民政府林下三七规划种植认定书。不按照中国工程院管理技术种植的，或者不履行、不完全履行承诺事项的企业，由县人民政府林业主管部门责令限期改正或者取消规划种植认定资格。

2018 年，澜沧澎勃生物药业有限公司在竹塘乡小广扎村建设三七种植示范基地 1 280 亩，采用"工程院＋企业＋合作社＋农户"的模式，农民以户均不少于 10 亩的面积参与种植和管理，并占有 15% 的股份参与分红。按照每户农户出租、管理 10 亩林下三七计算，第一年户均可收入 2.86 万余元，第二年户均可收入 9.86 万余元，两年下来每户农户收入 12.66 万余元以上，能够实现脱贫致富奔小康的目标。

案例亮点

（1）专家科研攻关，研发种植技术。注重科研创新，借助专家团队开展专题技术攻关，利用针叶林和三七之间的相生特性，提出思茅松林下三七生态种植技术，奠定了林下三七种植模式的科学基础。

（2）政府主导，推动林下三七种植。政府制定了推动三七规模化种植的政策，利用适宜的模式进行推广，调动了企业和农户的积极性，成为三七产业发展的"助推剂"。

（3）制度保障，规范三七种植和管理。为保证林下有机三七种植技术水平和品质，当地政府制定了严格的种植管理制度，对三七从规划种植到田间管护进行全过程管理。

（4）一举多得。思茅松林下种植三七，不仅提高了林地的利用效率，还杜绝了农药和化肥的使用，既保护了森林生态系统，又提升了三七的品质和价值，大幅增加了农民收入，达到了中药材可持续利用、生物多样性保护和社区减贫的目的。

适用范围

适用于野生中药材种植地区；寻找替代生计以减缓对生物资源的压力，实现农民脱贫致富和生物多样性保护的地区。

（韩煜）

大熊猫友好型产品——平武县南五味子

自然保护区具有丰富的自然生态系统和野生动植物资源，一些存在珍稀中药材植物、名贵食用菌类等经济价值较高物种的自然保护区，长期以来，由于人们的过度采挖、盲目采摘造成物种资源衰退甚至濒临枯竭。为了实现自然保护区的有效管理和保护，需要处理好保护和利用之间的矛盾。平武县在大熊猫保护区采用可持续的方式采摘南五味子，不仅实现了中药材资源的可持续利用，还保护了大熊猫的栖息地，为自然保护区内生物资源利用开辟了一个新模式。

案例描述

华中五味子（*Schisandra sphenanthera*）是木兰科、五味子属落叶木质藤本植物，习称南五味子，其果实是一味中药材，具有收敛固涩、益气生津、补肾宁心之功效，经济和药用价值较高。四川省平武县被誉为"天下大熊猫第一县"，是南五味子的主要野生产区之一。南五味子作为一种生长在次生林的野生藤蔓植物，是平武县的特色中药材，当地老百姓有采摘售卖的习惯。近些年来，随着中草药价格的飞涨，该地区农牧民对南五味子的不合理采集，不仅导致中草药资源面临枯竭，还在一定程度上破坏了大熊猫及各种野生动物的栖息地。

（1）当地政府制定村规民约，建立可持续采集机制。为实现野生中药材的可持续利用，平武县水晶镇全体村民通过了相关的村规民约，针对南五味子的采摘进行了严格要求。过去为了方便省事，往往是砍树或砍藤取果，现在要求果实变红以后才能开始采集，采集方式也转变为用钩子将树枝钩下来，采集完成后将树枝放回或爬上树采集，尽量做到不伤害树木，只采集 80% 的果实，20% 的果实不采集以保证果实剩余量。

（2）专业机构指导和培训，教会农民辨识果实成熟度。通过世界自然基金会（WWF）和中药材天地网等机构，对当地药农进行指导和培训。以前药农没有保护资源的意识，采集时连不太成熟的果实一起采集，这种果实晒干后肉头薄，成品色泽差，价格也较低。现在经过项目组的培训，药农只采集成熟的果实，这种果实晒干后肉头厚实，成品颜色较好，价格也可观。

（3）采集和加工环节科学规范，获得"大熊猫友好型认证"。可持续采集只是南五味子作为原产品的第一道必备程序，后续加工、包装、贮藏、运输也要达到相应标准。在采集时间、采集方法、晾晒方法和包装上都严格遵守可持续采集的标准，所有产品都附有一张产品质量追踪卡，记录这些产品从采集到最后包装销售的全过程，使每一袋产品都能追踪到最初的采集农户和加工人员，确保产品质量的同时，也确保了村民们在采集的过程中注重对物种的保护。

2018 年，平武县南五味子成为中国首个获得 WWF "大熊猫友好型认证"的产品。该类产品强调在野生大熊猫的分布区，以不影响大熊猫正常活动和栖息地不被破坏的情况下进行林下资源有序、可持续的采集加工为基础，满足消费市场对高品质、绿色有机林下产品的需求。南五味子符合"大熊猫友好型认证"的标准：它是本地物种；生产过程有完整记录，可以追溯；在采摘过程中不砍藤、不砍树，只采集果实的 80%，留存 20% 的果实用于物种的繁殖生长和维护生态系统功能。

自南五味子可持续管理项目实施以来，2011 年水晶镇只有大坪村一个村庄参与，2017 年周边的近 22 个村庄参与其中。由于资源管理得当，南五味子的挂果数量和质量都得到较大幅度的提升，出口量从 11.8 t 增长到 26 t，增长了 1.2 倍。2011—2017 年，南五味子的收购价格每千克从 16 元上涨到 22 元，涨幅 37.5%，南五味子增加了自然保护区周边地区农户的就业机会，提高了家庭收入。

案例亮点

（1）政府参与，建立可持续管理机制。当地政府制定了村规民约，建立可持续采集和生产机制，在可持续采集和生产标准操作规程的引导下，全过程实现生物资源的可持续管理。

（2）积极开展生态友好型产品认证。"大熊猫友好型认证"的产品以支持大熊猫的保护为导向，在不影响大熊猫正常活动和不破坏栖息地的情况下进行林下资源有序、可持续的采集和加工，以减轻对资源的破坏性影响。

（3）实现保护与利用双赢，促进社区生计发展。在实施南五味子可持续管理的同时，既保证了野生药材资源的可持续利用和大熊猫栖息地的保护，也兼顾了农民的利益和社区生计发展。

适用范围

国内外自然保护区范围内以及其周边社区居民可持续利用保护区内野生生物资源，其他物种栖息地的保护也可借鉴本案例。

（韩煜）

甘南州藏药材资源合理利用及产业化模式

藏药材资源是藏医药可持续发展的根本保证。历史上，群众乱采滥挖野生藏药材的现象比较普遍，使野生药材种质资源面临生境退化和丧失的局面，部分珍稀品种濒临灭绝。由于野生藏药材资源数量有限，藏药材的人工种植是实现藏医药可持续发展所必需的。但是，由于传统种植方式较为粗放，藏药材的开发利用还比较滞后，而且这些区域大多为贫困地区，当地群众生活水平低下。在合理利用藏药资源的同时，如何将藏中药材产业化和社区生计发展相结合，是当地政府需要思考和解决的问题。

案例描述

甘南藏族自治州（以下简称甘南州）是以藏族为主的多民族聚居区，地形地貌复杂，平均海拔 3 000 m 以上，垂直分布差异大，光照时数多，高原气候特色明显，复杂多样的地理环境、气候条件以及良好的植被，造就了丰富的藏药资源。甘南州是甘肃省的藏中药材生产区，全州藏药材资源品种多、分布广、质量好。据统计，甘南州野生植物类藏药资源共 88 科 299 属 625 种，占全国野生藏药材资源种类的 30%，包括冬虫夏草（*Ophiocordyceps sinensis*）、狭叶红景天（*Rhodiola kirilowii*）、粗茎秦艽（*Gentiana crassicaulis*）、翼首草（*Pterocephalus hookeri*）、脉花党参（*Codonopsis nervosa*）等名贵藏药材（图 1-8-1 和图 1-8-2）。甘南州政府制定出台了《甘南州藏中药发展实施方案》，提出充分利用各市（县）产地条件，加大种植结构调整，将藏中药材作为全州的特色优势产业重点扶持和培育，实现了藏中药材产业发展由传统、零散、单一的模式向现代化、规模化、产业化、精细化的加速转型，促进了药材产业的快速发展。

（1）野生藏中药材人工驯化基地建设。甘南州政府在合作、卓尼、碌曲等市（县）建成野生藏中药材人工驯化抚育基地 1 500 亩。通过人工驯化技术，培育优良栽培品种，为药农提供了更多的品种选择。

（2）种子种苗繁育基地建设。临潭、卓尼两县在传统育苗区域连片建成当归（*Angelica sinensis*）种子种苗繁育基地 1 500 亩，既避免了外购种子种苗适应性差、质量难以保证的风险，又解决了药材大田供种的难题。

图 1-8-1　狭叶红景天（周玉碧　摄）

图 1-8-2　脉花党参（周玉碧　摄）

（3）标准化基地建设。按照"统一品种、统一整地播种、统一肥水管理、统一技术培训、统一病虫防治、统一采收"的要求，建设标准化生产基地。其中，甘肃大得利公司在卓尼县建设以当归为主的藏中药材 GAP 生产基地 1.5 万亩；甘肃瑞霖公司在碌曲县建设以唐古特大黄（*Rheum tanguticum*）为主的标准化生产基地 0.8 万亩；甘肃独一味公司在玛曲、碌曲两县建设人工半抚育种植独一味（*Lamiophlomis rotata*）生产基地 0.15 万亩。

（4）产业化发展模式。甘南百草公司建立了"公司＋科研机构＋合作社（农户）"的模式，土地由公司集中流转，农机和种子种苗由公司统一购买，对参与种植的农户统一配发农资，由当地药材种植合作社负责田间种植管理，公司派技术人员对农户进行培训指导。甘南州在多年的实践中，形成了"公司＋合作社（农户）""公司＋科研机构＋合作社（农户）""药材协会＋合作社（农户）"等多种经营模式，推动了藏药产业的发展。

（5）政策支持和产业链条完善。甘南州已被纳入陇药产业发展大格局，在药材仓储、加工、物流等方面得到了甘肃省的政策支持。2015年，临潭、卓尼两县的当归主产乡镇被列入全省当归全产业链建设区域。甘南高原中藏药材仓储物流中心于2019年4月开工建设，该中心建成后，将使药材的现货市场交易发展成为网上交易。甘南州将藏中药作为重点开发的资源，农牧民在统购统销的订单式生产中实现了增收致富。

案例亮点

（1）政府参与，加强规划引导。出台藏中药发展方案，合理布局，科学规划，促进藏药材资源的可持续利用和藏中药产业发展。

（2）推进种植基地标准化。通过实行"六统一"的标准化生产基地建设，既规范了栽培技术，保证了药材质量，又提升了药材的合理利用水平。

（3）政策支持，推动产业化发展。在生物资源可持续利用的过程中，争取相关政府支持，可以极大促进生物资源的规模化利用和产业化发展。

适用范围

中药材资源的可持续利用和产业化发展可参照本案例的模式，其他生物资源的可持续利用也可借鉴本案例经验。

（韩煜）

案例 1-9

湘西黑猪品牌效应促发展

中国畜禽品种资源极为丰富，共有 20 个物种，576 个品种（类群），其中，地方品种（类群）426 个。农业农村部调查显示，畜禽资源总体下降趋势仍未得到有效遏制，几十个地方品种处于濒危状态，其后果是畜禽种质资源遗传变异越来越小，难以满足正常畜牧生产的需求，严重影响中国畜牧业的持续发展。因此，以重点畜禽遗传资源的有效保护为基础，加大政策支持、加强科技创新、加快畜禽优良品种的培育和产业化开发，将有利于夯实现代畜牧业发展的基础，是实现畜牧业可持续发展的有力支撑。

案例描述

湘西黑猪为中国优良地方猪品种之一，可分为桃源黑猪、浦市黑猪和大合坪黑猪 3 个类群，主要产于湖南省西北部沅水中下游两岸的怀化市、湘西土家族苗族自治州、常德市和张家界市（图 1-9-1）。2006 年 6 月，湘西黑猪（大合坪黑猪）首次入选国家畜禽遗传资源保护名录；2007 年，入选国家种质资源基因库；2019 年，沅陵县湘西黑猪（大合坪黑猪）再次被农业农村部授予"国家级畜禽遗传资源保护品种"。湘西黑猪作为重要的生物资源，在保护与可持续利用方面成果显著。

（1）划定良种基地，建立湘西黑猪资源核心场。分别建立了桃源黑猪、浦市黑猪和大合坪黑猪保种场，其中，桃源黑猪原种场 1979 年建立，有公猪 20 头（核心群公猪），分 6 个家系保种，并设立 5 个保种区，存栏 600 头基础群母猪，120 头核心群母猪，60 头后备母猪；浦市黑猪原种场 1979 年建立，存栏母猪 850 头，公猪 18 头，2006 年，产区存栏浦市黑猪 156 头，其中公猪仅存 3 头；大合坪黑猪目前由湘西黑猪（大合坪）资源场负责保种，2008 年建立，存栏纯种湘西黑猪（大合坪黑猪）公猪 31 头（16 个家系），母猪 308 头。

图 1-9-1 张家界生态

（2）建立良种繁育推广体系。湘西土家族苗族自治州目前有 2 个湘西黑猪纯种扩繁推广基地，基地开展了湘西黑猪保种选育工作，向社会供种推广，2017 年共向社会供种 3 000 余头，其中永顺王村湘西黑猪保种场 2 000 余头，泸溪县浦市铁骨猪保种场 1 000 余头。

（3）培育龙头企业，建设畜产品加工龙头企业及流通体系。培育龙头企业，通过建设智能化原种扩繁场、建立父母代种猪繁育场、建立以生态猪庄为主体的养殖基础群、发展高端肉品及特色肉制品加工业、建立移动电商平台等措施形成了"龙头企业＋专业合作社＋养殖基地＋规模养殖场"的养殖生产模式，加速产、供、销一体化经营，带动农民进入市场，提高竞争能力，推动湘西黑猪产业的健康发展。

（4）开展杂交利用，培育新品种。桃源黑猪原种场进行了以杜洛克为父本、桃源黑猪为母本的杂交选育，培育出瘦肉型猪——湖南黑猪，并于 2004 年继续开展湖南黑猪持续选育研究，2011 年将湖南黑猪改名为湘村黑猪，2012 年 8 月被授予"国家畜禽新品种证书"。

（5）广泛宣传，提高湘西黑猪品牌的影响力。一是加强媒体宣传力度，充分利用报纸、电视、网络平台，扩大影响；二是加强会议宣传，利用各种大型会议，发放桃源黑猪宣传册，扩大宣传效应；三是加强消费宣传，将湘西黑猪品牌推介出去。通过宣传扩大影响并带动消费，促使湘西黑猪资源健康持续发展。目前，湖南湘西牧业有限公司将已注册的"大合坪黑猪"地理标志证明商标和注册的"湘西老哥"品牌投入市场，所生产的湘西黑猪商品猪肉及加工生产的肉制品已广销上海、深圳、珠海、长沙等大中城市，年产值1亿多元，年利润1 500多万元。

案例亮点

（1）保护与利用相辅相成。该案例是地方特有畜禽资源保护和利用并举的典型案例，保护是基础，利用是目的，有效的保护是为了合理的利用。

（2）多途径拓宽发展渠道。政府的努力，企业的参与，农户的支持，是有效保护和利用现有的畜禽种质资源，实现畜牧业可持续发展的重要途径。

（3）凸显品牌力量。加强品牌宣传，拓展产业领域，突出品牌含金量，实现品牌和效益紧密联接、保护和可持续利用相互促进。

适用范围

适用于地方畜禽品种资源的保育、扩繁与可持续利用；其他畜禽优良品种的培育和产业化开发，均可借鉴该案例。

（史娜娜）

贵州黑山羊养殖和提质增效技术

畜禽资源是畜牧业发展的源泉和基础，为农村经济和农业振兴做出了重要贡献。对于地方优良畜禽品种，如何推进"资源节约型、环境友好型"的畜禽养殖技术，实现畜禽资源可持续利用和畜牧业健康发展的双赢，贵州黑山羊的养殖技术提供了可借鉴的成功样板。

案例描述

毕节地区地处中国西南山地，平均海拔 1400 m，年均气温 13.3℃，年降水量 1100 mm，地形破碎，切割较深，很适合牧草生长和家畜繁殖。贵州黑山羊是毕节地区的当家品种，已被列入贵州省地方优良品种保护名录，具有肉质优良、体型较大、采食性广和抗逆性强等特点，已成为毕节地区农村经济的重要支柱产业。在传统饲养管理条件下，贵州黑山羊产羔率低，生长速度慢，个体生产性能参差不齐。针对上述问题，贵州省毕节地区畜牧兽医科学研究所研究总结了一套养殖和提质增效技术。

（1）贵州黑山羊在养殖过程中采取在农户中建立核心群、基础群的开放式选育路线。将贵州黑山羊养殖户按三级良繁体系结构来组群，在核心群中建立一、二级选育群，基础群为三级选育群，各选育群再进行适当的分工。一级选育群为养羊重点户，承担优秀种公母羊的培育任务；二级选育群为养羊大户，承担良种扩繁任务；三级选育群为一般饲养户，承担繁育推广任务。上级选育群不断向下级选育群提供合格种羊，加强选种选配和良种扩繁，尽快形成一定数量的高繁群体。

（2）采用"两期、一培育"技术。"两期"指加强母羊妊娠后期两个月和哺乳前期两个月的补饲和管理，以提高羔羊初生重，提高母羊奶汁奶量，补饲时间为早上或放牧前；"一培育"指羔羊的培育，羔羊出生后，要确保吃上初乳，以增强免疫力，两月龄时要训练吃草和断奶。

（3）采用"三定"管理技术。"三定"指定期防疫驱虫、定期消毒圈舍和定期强化健胃补饲，降低发病率和死亡率。具体做法是：①结合每年的"春秋两防"工作，做好山羊常见传染病免疫注射；②每月对圈舍地板、墙壁、饲喂工具和运动场进行一次彻底消毒；③健胃可使用牛羊健胃散，以增强贵州黑山羊消化功能，促进其对营养物质的充分消化吸收。同时建设上楼下圈结构、漏缝式地板羊舍。圈舍分为上下两层，夏秋季节羊群在楼上饲养，冬春季节羊群在楼下饲养，中间楼板为木条钉成的漏缝式地板，热天漏粪，冬天垫草保暖，起到了冬暖夏凉的作用，可以有效降低贵州黑山羊的发病率和死亡率。

（4）采用合理分群饲养方式，解决了传统饲养过程中的羊和羔混养容易造成羔羊营养缺乏、育肥期延长、饲养成本增加等问题。将混群放牧改为单群放牧，把种羊和羔羊分群饲养，对羔羊按生理特点和生活特性进行单群就近放牧，有利于加快其生长发育。

2005 年起，该技术集成应用于毕节地区的威宁、赫章、纳雍、大方四个县的 20 个乡镇，两年后，这些乡镇的贵州黑山羊产羔率达到 152%，净肉率达到 38%，分别比贵州黑山羊地方标准中的对应指标提高了 16% 和 6%。

案例亮点

（1）长效选育机制，提高羔羊成活率。建立三级长效良种选育机制，加强选种选配和良种扩繁，大幅提高羔羊成活率。

（2）精细化管理，提升羊群健康水平。实施精细化管理，定期消毒、防疫和补饲，降低羊群的发病率和死亡率。

（3）分群饲养，促进羊群生长繁育。根据种羊和羔羊的生理特点和生活特性，提供适宜的饲草饲料和饲养条件，进行分群饲养，加快羊群发育和周转。

（4）圈舍设计改造，改善羊群生存环境。通过对圈舍的改建，使其冬暖夏凉，从而保证羊只的安全越冬和健康生长。

　　本案例适用于国内外山区的山羊繁育和人工养殖，其他牛、羊、猪等畜禽品种的养殖可参照本案例经验。

（韩煜）

第 2 章
野生动植物资源

　　野生动植物资源种类繁多，价值丰富，既是物种多样性的组成部分，又是生态系统供给服务的主体。然而，农耕、工程建设等活动，特别是出于对一些价值较高的野生动植物商业价值的追求进行的过度采挖和滥捕滥杀，导致野生动植物资源不断减少，一些珍稀的野生动植物濒临灭绝，损害了人类福祉。因此，必须依靠政府扶持、科学研究、企业融资、农户参与的力量，采用可持续利用技术、替代生计等措施，破解野生动植物资源开发的困境，实现野生动植物资源的保护和永续利用。本章的案例就是各方在这个领域的尝试。

阿拉善盟梭梭接种珍稀濒危植物肉苁蓉

中国北方干旱和半干旱沙漠地区土地退化和生物多样性丧失的主要因素之一是不合理的中草药挖掘，这不仅破坏了原来脆弱的生态环境，而且不利于资源的可持续利用。然而一些地区的中草药采收又是当地农牧民的主要经济来源之一，不能简单地加以禁止，因此，如何协调生物资源可持续利用与社会发展之间的关系，促进二者和谐发展，便是首需解决的重要问题。

案例描述

阿拉善盟（以下简称阿盟）位于内蒙古自治区最西部，野生植物以旱生、超旱生、盐生和沙生的荒漠植物为主，分布有二级保护植物梭梭（*Haloxylon ammodendron*）、肉苁蓉（*Cistanche deserticola*）等（图 2-1-1、图 2-1-2）。阿盟以农牧业为主，当地牧民有挖掘名贵中药材肉苁蓉的传统。肉苁蓉素有"沙漠人参"之称，是一种寄生在沙漠植物梭梭根部的寄生植物，过去对肉苁蓉的过度采挖不仅使肉苁蓉的数量急剧减少，同时也危害了梭梭的生存，造成其分布面积锐减。

图 2-1-1　梭梭（周玉碧　摄）

梭梭是极其重要的防风固沙植物，是阿盟重要的生态安全屏障。

为有效保护肉苁蓉及其寄主梭梭，阿盟采取了人工栽种肉苁蓉的方式，以减少对其的野外采挖，保护生物多样性。经过多年的探索，形成了适合干旱区域梭梭接种肉苁蓉的技术和管理模式，通过梭梭的标准化种植、标准化接种、机械化作业、生态种养殖结合管理等措施，可使梭梭接种肉苁蓉在第 2 年春季进行。

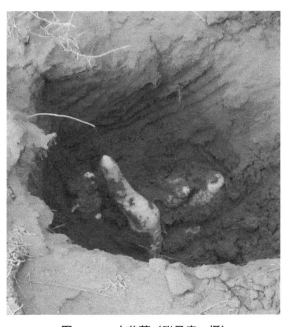

图 2-1-2　肉苁蓉（张风春　摄）

梭梭接种肉苁蓉新模式的技术要点如下：

（1）地块选择。肉苁蓉适合在灌排良好、通透性强的沙质土、轻盐碱土上生长，总体来说对土壤要求不高。

（2）土地平整。梭梭接种肉苁蓉最好在平整的土地上进行，特别是盐碱地，要把 30～50 cm 土层厚的盐碱皮推掉平整。新栽植梭梭可以种植在沙漠边缘或者盐碱荒地。

（3）栽植梭梭。在春季 3 月底之前，将滴灌带铺好，开挖 30～50 cm 的沟栽植即可。采用单行栽植或双行栽植，这是目前较为成熟的两种栽植模式。若采用单行栽植，行距建议 4.5 m，株距 50～80 cm，1 行双边接肉苁蓉，1 棵梭梭树负担 2 边肉苁蓉；若采用双行栽植，两行为 1 个带，两行行距为 80～100 cm，株距为 50～80 cm，两带之间的宽度为 4.5 m，1 行接 1 边，1 棵梭梭负担 1 边肉苁蓉。

（4）梭梭管理。根据墒情在梭梭栽植后每 5～15 天浇水 1 次，从 5 月开始，为促进梭梭根向外生长，在距离梭梭根部 50 cm 处用滴灌带浇水，有条件的地方可在每侧各拉 1 根滴灌带。条件不允许的，可以两侧轮流浇水各 1 个月。

要注意浇水时间不宜过长，要勤浇、少浇，促进根系向两侧生长。

（5）接种肉苁蓉：当年 8 月接种肉苁蓉，接种深度 60 ～ 70 cm，覆土 30 cm，每 1 000 km² 接种种子 150 ～ 225 g。翌年秋季或第 3 年春季就可产出第 1 批肉苁蓉。

此外，可以在梭梭地养殖山羊、骆驼，其不仅可增加养殖收入，还可将地里的杂草吃干净，同时羊粪又可以培肥地力，形成生态健康循环的良好发展模式。

经过多年的实践，当地农牧民的生物多样性保护意识和肉苁蓉人工种植技术都有了很大提高，不仅梭梭林得到了保护和可持续利用，保障了防风固沙功能的发挥，牧民的收入也有了很大提升。

案例亮点

（1）政府参与，积极引导。政府的正确引导和必要的技术扶持效果显著，在生物多样性保护中起到积极作用。

（2）协同发展，实现双赢。形成了生物多样性保护与区域社会、经济和生态效益协同发展的新途径，既保护了生物多样性，又促进了生物资源的可持续利用。

适用范围

国内外未来减轻对自然资源和生物多样性压力而需要采取替代生计的地区；致力于社区经济发展和生物多样性保护双赢工作的地方政府。

（史娜娜）

鹿茸走出"企业 + 基地 + 农户"的新路子

中国的鹿茸主要来源于梅花鹿或马鹿，非法捕猎和贸易等原因使野生的种群已经很少见。虽然中国养鹿业起步较早，但产业化程度低、饲养和加工过程中科技含量不足和受国内政策限制等诸多因素的影响，加之国外养鹿业快速发展的冲击，使中国养鹿业发展缓慢。

鹿茸资源的可持续利用要求我们从自然条件出发，依靠科技，正确处理资源与环境、利用与保护、生存与发展的关系，走出一条生物多样性保护与资源合理利用的可持续发展之路。

案例描述

鹿茸是指梅花鹿或马鹿的雄鹿未骨化而带茸毛的幼角，乃名贵中药材。梅花鹿（图 2-2-1）和马鹿的品种、饲料和饲养方式决定了鹿茸的质量。内蒙古巴林左旗依托马鹿资源优势，提出了"企业 + 基地 + 农户"的马鹿产业化发展路子，把马鹿资源产业化，使得巴林左旗的马鹿养殖和鹿产品深加工形成了一定的规模，拥有国内领先、亚洲最大、世界一流的开放式天然放牧型原生态马鹿繁育基地。

（1）采取良种战略，建设优质高产鹿繁育中心。引进优质种鹿，采用先进的改良技术，实施鹿胚胎移植等高新技术，对鹿进行改良，提高单体鹿茸产量，并有计划地淘汰劣质鹿种，优化种群，调整结构。已经建立养殖基地5 处，马鹿存栏 5 600 头以上。同时，与内蒙古大学、蒙牛集团开展技术合作，实施了马鹿性别控制和高产种公鹿克隆技术。

（2）采取龙头带动战略。发挥龙头企业技术信息及经济实力优势和农户的饲养成本低、劳动力成本低的优势，实现优势互补，共同发展。政府引导和扶持养鹿户，并给予一定的经济补贴，有自然放牧条件的地区给予政策扶持，

图 2-2-1 梅花鹿（罗遵兰 摄）

选择适合场地进行围封，进行天然或半天然放养，降低饲养成本，提高鹿茸质量。目前，巴林左旗已经拥有 4 家集马鹿饲养和鹿产品深加工于一体的龙头企业，年鹿茸产量 7 t 左右，扶持发展个体养殖户 500 多户。

（3）重视产品质量，采用品牌战略。以鹿业养殖为依托、以鹿产品研发多元化为方向、以"特色产品、连锁经营"为市场经营模式，主营鹿茸保健品、鹿胎素化妆品、养生鹿酒、鹿肉食品、鹿副产品、鹿皮革制品。4 家开发鹿产品的企业拥有注册商标 20 个，依托科研单位和大专院校已研制生产并投放市场的鹿产品有保健品、化妆品、食品、酒类四大系列 120 多个品种，其中健元鹿业委托清华大学研制开发的蒙茸胶囊和北方鹿酒已获卫生部保健食品批准证书，市场前景广阔。

（4）确立行业标准，采取市场准入战略。强化行业的质量标准，防止假冒产品进入市场。健元鹿业现已开发生产出以鹿茸、鹿鞭为主要原料，具有抗疲劳功效的北方鹿酒（卫食健字〔2000〕第 0587 号）；以鹿茸为主要原料，具有延缓衰老功效的蒙茸胶囊（卫食健字〔2001〕第 0176 号）；以鹿胎为主要原料，具有养颜美容功效的鹿胎珍珠胶囊（国食健字 G20030002）；以鹿胎、鹿血清为主要原料的新一代生物化妆品——蒙茸·鹿精华。

（5）强化组织化战略，提高产业技术信息交流和产品宣传力度，使养鹿业由无序走向有序，保证养鹿业的持续健康发展。建起了内蒙古自治区唯一的高产马鹿良种繁育中心，其中，高产马鹿"钻石一号"产茸连续3年获全国马鹿同龄、同锯次第1名。

案例亮点

（1）制定龙头带动策略。以"企业＋基地＋农户"的形式走出了一条马鹿资源可持续发展的路子，同时，该案例也是企业发挥龙头作用带动马鹿产业化的典型案例。

（2）多措并举打品牌、拓市场。技术、战略、宣传是保障鹿茸资源可持续利用的法宝，研发新技术提高资源利用率，形成品牌战略，打开市场，利用宣传拓宽国内外渠道，促进资源持续高效利用。

适用范围

该案例适用于梅花鹿或马鹿资源化利用企业，其他企业可借鉴本案例的相关经验和有效做法。

（史娜娜）

"植物大熊猫"华盖木拯救成功

多数极小种群野生植物是中国特有种类,是自然界中濒临灭绝的国家战略性生物资源,具有重要的生态、科学、文化和利用价值,但近一半物种未纳入国家重点保护野生植物名录。极小种群野生植物数量少、生境狭窄或片段化,受人类活动和全球气候变化的双重影响,极小种面临物种近交衰退或自交不结实的境遇,加剧了物种的衰退,同时人类对自然资源需求的增加造成过度开发利用生物资源,如林下经济作物种植、药用或者园艺用途的采集,致使野生物种生存受到不同程度的威胁。探索极小种群野生植物的有效保护与可持续利用模式,是实现中国重要植物资源可持续利用的根本保障。

案例描述

华盖木(*Manglietiastrum sinicum*)是中国云南省特产的木兰科华盖木属植物,是国家亟待拯救保护的极小种群野生植物。华盖木分布区域极其狭窄,仅分布在云南省的西畴、马关和金平县境内,长在海拔 1 300 ~ 1 500 m 的山坡。

目前野外仅发现 37 株华盖木,因此,国家、云南省政府及相关科研机构为拯救华盖木并实现其可持续利用,展开了一系列行动。

(1)开展就地保护,保护原生种群和生境。在保护区的河麻湾、箐湾两地制作华盖木原生地永久性标识,加强华盖木分布区周边 3 000 亩山林的巡护与管理工作,严格杜绝直接采挖、砍伐、垦荒、放牧等破坏生态环境的行为,并彻底清理林下草果,创造纯净的生长环境,保证华盖木的生境地不受人为破坏。

(2)开展迁地保护,保存种质资源。在香坪山林场建成目前东南亚面积最大、种群数量位居第二的木兰科及珍稀濒危树木迁地保育种质基因库——

香坪山珍稀木兰园。经引种以及近 30 年的生长发育，华盖木终于在昆明首次开花，这标志着华盖木迁地保育取得初步成功。

（3）科技创新，加强种苗培育。首先，规范采种过程。开展华盖木花期、果期监测记录工作，准确掌握华盖木最佳采种时间，对华盖木实行可持续采种，同时，每次采集球果的数量控制在母树结果数量的 60% 以内，使母树留有部分种子，以满足种子传播之需要。规范采种的方式减少了对华盖木植株和林下灌草层的破坏。其次，研究人工育苗技术，创造性地开展漂浮育苗试验并取得成功，为华盖木的人工繁育积累了新的经验。目前，华盖木的人工种苗繁育成功率较高，种苗的生长状况良好，小桥沟保护区和西畴县种苗站等繁育了 5 000～6 000 株幼苗，主要为 1～4 年的苗。

（4）大胆探索，积极开展回归试验示范。通过人工引种栽培，成活后再把树苗栽回到华盖木的原生地，促进华盖木的存活、繁衍。西畴县开展实施了两次华盖木回归自然和种群重建行动，共回归 400 株，回归华盖木苗成活率 100%。生长最好的植株高达 185 cm，地径 2.7 cm，冠幅 93 cm×111 cm，分枝数 13 枝。此外，通过人工异株植株授粉，已有 100 多株华盖木野外人工繁育成功。华盖木居群不断扩大才能达到保护的目的并最终实现可持续利用。

（5）濒危植物管理和可持续经营。监测回归植株种群的恢复能力，观测内容主要为树高、基径、冠幅、分枝数量等，并分析研究华盖木回归自然长势情况，从而促进华盖木种群更快增长，实现其可持续利用价值。

案例亮点

（1）大胆探索，积极示范。该案例的成功不仅使华盖木这一物种充满希望，也给其他极小种群野生植物的保护工作提供了新鲜又具有实际意义的经验，起到了示范带动和"催化"作用。

（2）科技创新促进可持续经营。该案例为华盖木及其他极小种群保护与可持续利用提供了成功的理论基础和科学方法。

（3）多方参与，共同保护。政府的积极引导、科学研究的先进性和创新性、公众保护的积极性，是实现生物资源可持续利用的重要保障。

适用范围

适用于极小种群野生植物人工引种及繁育，其他极小种群野生植物资源保护与可持续发展可借鉴本案例。

（史娜娜）

大红菌促繁——林下资源利用的样板

　　由于部分野生菌的生长环境极其纯净，对适宜其生长的土壤条件要求较高，其菌丝不能分离，开发利用的技术限制等多方面的原因，部分野生菌的人工栽培一直没有突破性进展，至今也无法进行人工栽培。

　　对野生菌重采摘、轻保护，出菇季节大量村民乱采乱撬破坏菌塘的采拾行为，对与野生菌共生的森林保护不够，人为砍伐时有发生等现象，使珍贵的野生菌资源濒临灭绝。因此，"扫雷式"采收野生菌与林下资源的开发利用之间的矛盾，是迫切需要解决的重要问题。

案例描述

　　大红菌（*Russula vinosa*）是一种与林木共生的外生菌根菌，主要生长于红棕壤或赤红壤坡地上，是非常珍贵的菌根食用菌，主要分布在云南省哀牢山国家级自然保护区（图 2-4-1）、西双版纳勐养子保护区党片区域等。由于大红菌生长环境极其纯净等原因，至今无法进行人工栽培。2016 年以来，国家食用菌产业技术体系昆明综合试验站与无量山哀牢山国家级自然保护区景东管理局合作开展大红菌保育促繁试验，在徐家坝建设大红菌保育基地 41 亩，采用的技术方法如下。

　　（1）保护方法。采取封闭式管理，菌山在出菌期间不放牧，树木不能乱砍，泥土不能乱锄，树木太密要砍除较大的枝杈，让阳光能够照射，形成半透光林带。

　　（2）适时、科学采收大红菌。采菌时要采大留小，适时适度地采摘，增加单位面积的产量；用正确的采收方法采菌，最好用小刀从泥面割断菌脚，或者连根拔起去泥；遇到雨天，应带水洗手取菌，避免手有泥染黄菌脚，或带上干净的布，把菌取出后用布抹净，小心处理干净。由于菌脚易断，所以采菌和搬菌都要特别小心。

（3）促繁措施。试验区域清理杂草，包括竹子，增加遮阳网使郁闭度由 30% 增加到 70%。目前，促繁效果较好，2019 年产量是 2018 年的 2.25 倍；遮阳措施下菌塘收获大红菌是不遮阳区的 2.33 倍。

通过以上措施，大红菌扩繁取得了初步成效，探索出了一条开发林下资源的新途径，表现在以下方面。

（1）建立大红菌保育区，对出菇区域实施分片承包制度，

图 2-4-1　哀牢山国家级自然保护区（周越　摄）

减少人与动物的干扰。利用有偿划片承包管理制度，资源的责、权、利明晰，增强村民的生物多样性保护意识，提高了经济效益。相关管理部门加强宣传及引导力度，制定出严格的管理办法及可行的实施方案。

（2）适当种植与大红菌共生的壳斗科树种等，将大红菌共生林区列为特殊保护区加以保护，并采用法律和行政手段，加强对共生林木保护区的管理。综合开发利用林下资源，通过有偿承包等方式，开辟林下资源利用新模式，改善野生动植物资源的生存环境。

（3）构建大红菌收购标准，为村民提供交易平台，防止村民采拾较小的大红菌，为大红菌的繁殖留下种苗。

（1）推行社区共管，探索可持续发展新途径。探索出了一条林下资源可持续利用的新途径，逐步规范村民采收大红菌的方式，逐渐减少了村民对保护区野生资源的依赖，推动了保护区社区共管，有利于林菇共荣。

（2）规范采收标准，留存种苗。通过统一承包、统一管理、统一规划，明晰权属，同时规范了大红菌采收标准，有利于大红菌种苗留存，为大红菌可持续发展提供基本条件。

（3）权衡资源开发与社区发展。对具有高经济价值的珍稀濒危真菌的不恰当采挖是造成当地生物资源丧失的主要原因，单纯的禁止往往效果不理想，本案例开发了一条生物资源可持续利用与社区经济发展双赢的途径。

适用范围

本案例适用于大红菌生长地区的林下资源可持续开发利用，其他林下资源的保护与可持续利用均可借鉴本案例的相关经验和做法。

（史娜娜）

人工栽培羊肚菌减少野外采挖

近年来由于野生羊肚菌市场价格不断攀高，野生羊肚菌遭到过度采挖。采挖者为了获得更多的羊肚菌资源，采用"扫雷式"采挖，使现有的羊肚菌个体在有些条件适宜区的 1000 m² 范围内，由 10 kg 左右子实体下降到 1 g 左右子实体。地表因为过度挖掘，土壤中的菌丝体受到破坏，不能重新成长，导致羊肚菌分布范围缩小。采挖过程造成周边自然环境破坏，水土流失加剧，生物多样性降低。如何在不降低农牧民收入的情况下，实现羊肚菌资源的保护和可持续利用，是当地管理者需要思考的问题。

案例描述

羊肚菌（*Morchella esculenta*）富含多种氨基酸和营养元素，是一种药食两用的菌类，其极高的药用价值和完美的口感，在世界范围内为人们所熟知。云南省是中国羊肚菌的主要产地，由于过度采集，野生羊肚菌已经大量消失，羊肚菌所在的生态系统也遭到严重破坏，野生菌种自然重新生长十分困难。

为了有效保护羊肚菌及其生态系统，当地政府联合研究机构，采取人工栽培羊肚菌，同时减少野外采挖的方式来保护生物多样性，实现野生羊肚菌的可持续利用。经过多年的实践，目前已经取得很好的效果。羊肚菌实现了人工栽培，当地野生羊肚菌也得到有效恢复。中国科学院昆明植物研究所的科研人员通过对野生羊肚菌的驯化，筛选出适合人工种植的菌种，根据菌种生长特性和云南地区气候的独特性，提出"春播夏收""夏播秋收""秋播冬收"等全新羊肚菌种植模式，实现羊肚菌四季高效种植。

当地政府和技术人员建立了羊肚菌种植合作社，有计划地在村内推广羊肚菌种植项目，通过整合村内闲置土地引导村民调整种植结构，采用补贴的形式对当地村民进行羊肚菌种植培训，鼓励周边农户进行羊肚菌种植。当地村民把自己的土地租给合作社，在合作社内学习羊肚菌种植技术，学习后或在合作社工作或自己种植羊肚菌。依靠这种模式，提高了当地村民的经济收益。

目前，云南省昆明、曲靖、丽江、香格里拉、大理等的 16 个县区均实现羊肚菌的人工种植，平均亩产达到 150 kg 以上，每亩收入达到 12 000 元左右。当地村民依靠种植羊肚菌成功脱贫致富，当地野生羊肚菌及其栖息地也得到有效保护。

案例亮点

（1）保护与发展协同增效。在经济利益的驱使下，单纯的禁止效果往往是不好的，本案例开发了一条促进社区经济发展和生物资源可持续利用的双赢途径。

（2）替代生计效果显著。大型真菌的生长环境特殊，过度采挖不但造成生物资源的丧失，也会影响周边的生态系统，因此，采取替代生计是这类地区生物资源保护和可持续利用的有效措施。

（3）多方合作助推可持续发展。政府的正确引导和技术扶持可以保证生物资源可持续利用的实施成效，政府、科研机构和农民在替代生计实施过程中需要紧密合作。

（4）推动社区精准扶贫。引导农民学习栽培技术，提高农民收益，为生物资源可持续利用和精准扶贫相结合提供了实践经验。

适用范围

本案例适用于国内外生物资源丰富、经济价值高，面对生物多样性压力需要采取替代生计的地区；致力于生物资源可持续利用和社区经济发展双赢的地方政府，可以整合闲置资源的地方社区。

（王琦）

案例 2-6

太行山安泽连翘——农户的"致富果"

山西省野生连翘资源十分丰富，全国 50% 以上的连翘资源靠山西省供给。据统计，连翘的年需求量在 6 000 t 以上，并以野生采集为主。因此，如何依托连翘资源优势，长远谋划连翘产业发展，变资源优势为产业优势，并提升其附加值，成为连翘种植地区实现生物资源可持续利用的一项重要挑战。

案例描述

连翘（*Forsythia suspensa*）为木犀科连翘属落叶灌木，具有重要的药用价值、观赏价值等（图 2-6-1）。"世界连翘在中国，中国连翘数安泽。"安泽县位于山西省，是全国连翘生产第一县，境内野生连翘资源丰富，面积达 150 万亩，年产量达 4 000 t，分布着 30 余种晋产道地药材，素有"天然大药场"的美誉。2014 年，"安泽连翘"顺利通过国

图 2-6-1 落叶连翘（李果 摄）

家地理标志产品认证，成为国家品牌、山西名片。

（1）着力加强源头管理，严厉禁止青采、割条等破坏野生资源的行为。安泽县制定了连翘采收管理办法，并积极宣传健康绿色产品理念，严禁抢青早采，以每年白露为采集"开放日"，引导农民形成科学合理的采摘习惯。此举提高了连翘品质、保证了连翘药用价值，农民在科学采摘中也得到了更多实惠。

（2）大力推行"村委会＋公司＋贫困户"的资源发展新模式。推动技术和机制创新，发挥资源优势，为政府、企业和农民构建多赢平台。安泽县不断扩大连翘种植规模，规范育苗和种植规程，先后实施 1.7 万亩野生连翘精细化抚育和 10 万亩连翘加密工程。同时，全县 1 000 余农户自发地规范化种植连翘 9 500 亩，不仅使更多的荒山、荒坡得到了开发利用，而且农民由此得以增收，实现了提质增效。不断推动技术创新，与山西省中医学院开展科研合作，全力破解野生连翘变家种、种子复壮、开花不结果、无性繁殖以及生根率低等技术难题。果树中心重点推广连翘疏枝技术，连翘单株产量由 1.75 kg 提升至 3.5 kg 左右，每亩收入可近万元。

（3）实现连翘资源就地转化增值。吸引广州香雪制药等公司落户，带动了全县连翘就地加工，规范了药材收购，提高了连翘附加值，带动了整个产业链规范化发展，全县有 2 万余人从事连翘采收、加工、销售、运输工作。目前，全县 4 家中药材企业，年加工生产能力达 2 500 t，产值达 3 750 万元。

（4）利用品牌优势进一步扩大影响力。安泽连翘成功认证为国家地理标志产品，进一步提高了其美誉度和知名度，增强了市场价格的话语权，提高了农民收入，成为当地农民的"致富果"（图 2-6-2）。

（5）连翘叶获批地方特色食品。2017 年 12 月，连翘叶获批地方特色食品，进一步扩展了连翘的衍生产品。连翘叶"变废为宝"可制成连翘茶，推动了连翘产业精深加工的发展，延长了产业链，为安泽连翘产业锦上添花，也为农民的连翘收入打开了更大的空间。

（6）推送连翘森林旅游发展。2017 年安泽县打造的黄花岭旅游月，接待游客 74.4 万人次，旅游综合收入达 1.1 亿元；2018 年，再次精心打造中央《乡村大世界——走进安泽黄花岭》等系列精彩活动，接待游客 93 万余人次，旅游收入达 2.13 亿元。

2019 年 4 月 13 日，"连翘产业国家创新联盟"落户安泽县，标志着安泽县的连翘产业将迎来新的发展机遇，为生物资源多用途融合发展开辟了新的路径。

案例亮点

（1）就地转化增值，改善社区生计。安泽连翘将资源优势就地转化为产业及区域经济优势，为贫困山区的农民脱贫致富开拓了一条新的途径。

（2）延长产业链，精准脱贫。连翘资源具有多种可持续开发利用

图 2-6-2　连翘（李果　摄）

的途径，不断延长产业链，提升附加值，成为广大农民稳定增收的有效途径，对安泽县绿色崛起、实现精准脱贫具有重要意义。

（3）扩大品牌影响力。品牌效应的连锁反应，有助于提升安泽县影响力，推动了连翘资源的有效开发及可持续利用。

适用范围

适用于国内外连翘种植地区，用药材种植来提高生计的地区，其他药材的开发及可持续利用可借鉴该模式。

（史娜娜）

"社区共管"模式促进林麝种群增长

长期以来，野生麝类动物为麝香的唯一来源。20 世纪 50 年代，中国野生麝资源储存量为 200 万～300 万头，60 年代之后迅速衰减。究其原因，乱捕滥猎对麝类种群数量造成破坏性影响，其栖息地面积急剧减小，栖息地生态功能降低，生境破碎化阻碍了麝类个体之间的基因交流。为保障麝类资源的可持续利用，中国从 1958 年就开始了麝的养殖研究，主要养殖 3 种麝，林麝为最主要养殖种。在养殖过程中推广"社区共管"模式，利用科技创新多方探索麝香可持续利用新途径，这是促进麝类资源保护的有效方式。

案例描述

林麝（*Moschus berezowskii*）别名香獐、林獐、麝鹿，是国家一级保护野生动物，被《中国生物多样性红色名录——脊椎动物卷》列入濒危（EN）等级。

林麝具有重要的药用价值和种源价值，随着林麝养殖规模化和产业化发展的进程，其种源价值越显突出（图 2-7-1）。祁连山地区积极推动林麝资源保护和产业化的开发利用，已经建成 5 个林麝养殖专业公司或合作社。例如，祁连县阿柔乡青羊沟养殖专

图 2-7-1　养殖的林麝（孙光　摄）

业合作社始建于2016年，结合现代科学技术创新管理模式，引种林麝80多只，现已发展到160多只，1只公麝配1～4只母麝。一只公麝一次产麝香20 g，高于业内平均16 g的水平（图2-7-2）。

图 2-7-2　林麝的麝香（孙光　摄）

（1）养殖设施。远离城镇生活区，附近无工矿企业，周边丘陵、山地地区森林茂密，土壤、水质、空气和生态环境良好，为林麝生活的优良场所。配备电子监控设备，尽量减少人为行动的影响。

（2）养殖技术。首先，观察林麝的生活习性，确定其食物来源；其次，建立谱系制度，防止近亲交配，根据繁殖特性，在每年的10月到翌年2月，把公麝和母麝按照1∶5～1∶8的比例放入同一麝圈让其配种，注意孕期母麝的食物供给和营养搭配；最后，种苗抚育，利用70天哺乳期的小隔离和100天的大隔离方法，将母幼分别安放在不同的麝圈开始圈养。

饲料投喂过程中，应在林麝的活动时间——拂晓（每日早晨6∶00—7∶00）与黄昏（晚上6∶00—7∶00）进行两次投喂。对于精饲料，要先清洗干净，打粉，混合均匀，再加水，调成糊状；对于多汁饲料，要洗净切碎，再与切碎的粗饲料和精饲料混合，一起投喂。此外，注意周围环境清洁，经常进行消毒和中草药防疫。

（3）开展人工合成麝香的研究，利用生物工程最新手段，培养麝香腺细胞，为解决商品麝香的供求矛盾打下基础，也对林麝资源可持续利用起到了重要作用。同时，通过人工养殖林麝，引导农牧民群众参与林麝保护过程。这样既保护了野生林麝资源，又为当地群众脱贫致富探索出了一条新途径。

案例亮点

（1）推广"社区共管"模式。实行"社区共管"模式，探索出了一条林麝资源可持续利用的新途径，具有推广价值。

（2）科技创新推动产业化进程。在人工养麝、人工合成麝香等应用性研究领域取得了一系列重要成果，积累了丰富经验，为进一步保护和开发麝资源，推动麝产业化进程奠定了坚实基础。

（3）多方合作探索脱贫致富新途径。政府的正确引导、科技的不断创新与社区的积极参与，促进生物资源的保护与可持续利用。

适用范围

该案例适用于存在林麝资源的地区，其他麝类资源的可持续利用也可借鉴本案例的相关技术与方法。

（史娜娜　孙光）

多措并举恢复青海湖裸鲤资源

鱼类在鱼鸟共生湖泊生态系统中的作用至关重要，是湖泊中重要的生物因子和食鱼鸟类赖以生存的物质基础，对维系湖泊"水—鱼—鸟"生态链安全作用显著，在湖泊生态系统中起着核心作用。近年来，由于湖水持续减少并变碱变咸、产卵场遭到破坏、过度开发和偷捕滥捞等原因，鱼类资源不断减少。鱼类资源的衰竭会破坏湖泊生态系统的稳定，造成生物多样性减少，进而失去利用价值。因此，如何实现湖泊生态系统鱼类资源的可持续利用，是关系人民福祉的重大问题。

案例描述

青海湖裸鲤（*Gymnocypris przewalskii*），又称"湟鱼"，是青海湖特有的珍贵的高原低温盐碱性水域经济鱼类（图 2-8-1 和图 2-8-2），是青海省极为重要的大型野生经济鱼类，是国家二级保护动物，被列入《中国生物多样性红色名录——脊椎动物卷》易危物种。20 世纪 70 年代之后，由于各种原因，裸鲤的蕴藏量明显下降。为此，国家及青海省政府和民间做了大量工作来保护裸鲤资源。

（1）颁布保护裸鲤的法律、行政法规、地方性法规、自治条例和单行条例、规章等，形成一个从国家层面到地方层面全方位立体化保护裸鲤的规则体系，这是从事青海湖裸鲤保护与利用的依据与保障。

（2）长期坚持封湖育鱼。青海省政府从 1982 年开始，先后实施了 5 次封湖育鱼工作。在封湖期内，禁止任何单位、集体和个人到青海湖及湖区主要河流及支流裸鲤主要产卵场捕捞裸鲤，销售裸鲤及其制品。封湖育鱼时限不断延长，第 1 次 2 年，第 2 次 3 年，第 3 次 6 年，第 4 次、第 5 次均为 10 年，并开始实行"零捕捞"政策。2020 年 12 月 31 日，第 5 次封湖育鱼结束。

（3）科学的人工增殖放流。在青海湖裸鲤洄游时现场采集受精卵，人工授精，并在人工条件下流水孵化，等淡水池塘的鱼苗适应野外生存条件时，放流到原产卵河流中。青海省专门设立了青海湖裸鲤救护中心，启动青海湖裸鲤增殖放流工作，对青海湖裸鲤资源恢复的贡献率达22.3%。近年来，青海省又建设了青海湖裸鲤人工增殖放流站点，实施了青海湖裸鲤工厂化恒温循环水苗种培育等，对裸鲤蕴藏量增加起到了积极作用。

（4）保护和扩大青海湖裸鲤产卵场。各地各部门清理青海湖主要入湖河流河道，专门设计科学合理的"过鱼通道"，保证裸鲤的"生命通道"更加畅通。

图 2-8-1　青海湖（付梦娣　摄）

图 2-8-2　青海湖裸鲤（中国科学院西北高原生物研究所　赵凯　摄）

（5）开展专项执法检查。建立了渔政、公安、市场监管等部门间执法联动机制，渔政、志愿者联动机制以及举报奖励机制，严厉打击偷捕、贩运等违法行为。在重点河道、重点路段及市场餐馆开展专项执法检查，严厉打击非法贩运、加工、销售裸鲤的行为，青海湖裸鲤得到有效保护，并逐年恢复。同时，探索将案件被告人支付的民事赔偿金用于青海湖生物多样性修复。

（6）民众用行动保护裸鲤。民众的保护行为有积极的推动意义，渔民自发组织"万人拒吃湟鱼"签名活动，并主动销毁违法犯罪工具，从捕鱼者变为护鱼者。

（7）保护之上的合理利用。在青海湖裸鲤洄游产卵季节，举行"青海湖观鱼放生节"，既普及知识，又能实现经济效益和社会效益双赢；此外，用青海湖裸鲤的角膜移植治疗白内障获得成功并用于临床。

2020 年，青海湖裸鲤资源蕴藏量已恢复至 10.04 万 t，未来利用潜力巨大。

案例亮点

（1）开拓可持续管理新途径。该案例为青藏高寒地区湖泊鱼类资源的可持续利用提供了方法与途径，具有重要的借鉴意义。

（2）多措并举。多措并举保护及利用青海湖裸鲤，在保护中发展，在发展中保护，二者相互协同，有效促进了青海湖裸鲤资源的可持续利用。

（3）政府主导、公众参与。政府主导、公众参与能够最大限度地保护青海湖裸鲤，为资源的可持续利用提供保障。

适用范围

本案例适用于青藏高寒地区开展湖泊鱼类资源的可持续利用；其他地区的湖泊鱼类资源可持续利用也可借鉴本案例。

（史娜娜）

滇池金线鲃人工养殖成就高原水产开发

　　高原淡水鱼类因其特殊的生存环境，具有独特的生物学特性和经济利用价值。历史上，某些野生鱼类因过度捕捞、生境退化等，其种群已严重衰退甚至濒临灭绝，极大地影响了生物资源的可持续利用。对于具有较高经济价值的珍稀鱼类资源，如何实现其种群的繁衍和可持续利用，是人类在合理利用生物资源过程中需要思考和解决的问题。

案例描述

　　金线鲃（*Sinocyclocheilus grahami*），又名金线鱼、油鱼，属于鲤形目金线鲃属，国家二级保护动物，中国特有种个，被《中国生物多样性红色名录——脊椎动物卷》列为极危（**CR**）等级。金线鲃是云南高原湖泊常见的名贵鱼类，云南的金线鲃以滇池金线鲃较为出名，由于滇池（图 2-9-1）水体污染严重，野生滇池金线鲃在 20 世纪 90 年代中期已濒临灭绝。为更好地保护和利用滇池金线鲃，发展高原特色水产业，云南省水产技术推广站开创了滇池金线鲃健康养殖技术模式，对促进当地农业经济的发展具有重要的意义。

　　（1）亲鱼培养。滇池金线鲃亲鱼应单池培育，适当搭配少量云南光唇鱼（*Acrossocheilus yunnanensis*）。云南光唇鱼为植食性鱼类，一般在水体中上层摄食；滇池金线鲃因其半洞穴性栖息习性，对光线敏感，在水体中下层摄食。

　　（2）人工授精。2 月中上旬做好人工繁殖前的准备工作，清洗苗种培育池、孵化池，消毒后待用。滇池金线鲃繁殖分为人工挤卵、人工授精、受精卵布卵和布卵网片的孵化等程序，受精卵布卵是孵化成功的关键，做到受精卵不结团成块，尽量使其在网片上分布均匀，减少水霉对正常受精卵发育的影响。

　　（3）人工孵化。受精卵孵化期间，注重水霉防治，加大流水刺激，以抑制水霉生长；及时观察受精卵发育情况，预判出膜时间。出膜期第 1 天，减少人为干预。第 2 ～ 4 天，可人为抖动网片，刺激鱼苗出膜；孵化池中的初孵仔鱼应及时清理，一般采用虹吸法，将沉入池底的仔鱼集中收集于盆中。

（4）池塘种草，养殖鱼苗。开始鱼苗收集前，首先，在池塘种植金鱼藻（*Ceratophyllum demersum*）。种植水草模拟——野外生活环境，既为其提供栖息场所，又利用了金鱼藻的光合作用，吸收水体中残饵及外源的营养物质，净化了水质，为滇池金线鲃养殖提供良好的生长环境。然后，将干净鱼苗均匀倒入池塘，应尽量保证下塘鱼苗处于同一发育时期。

（5）水草管理。金鱼藻为多年生沉水草本。在池塘养殖条件下，以鱼类的排泄物和呼出的二氧化碳及饲料残饵为肥料。夏季高温时，金鱼藻生长速度较快，每月需人工移除部分生长过密的金鱼藻，以保证金鱼藻均匀分散于池塘，且面积不超过池塘的 50%。

（6）饲养管理。养殖期间，饲料投喂采取定时、定质、定量和定位的"四定"原则，并根据天气、水质变化和养殖对象摄食情况及时调整饲料投喂量；坚持早晚池塘的巡视，保证进排水系统的通畅和池塘溶氧充足，夜间加大水体交换量或及时开启增氧机，保证池塘溶氧量不低于 4 mg/L。

图 2-9-1　滇池（黄雪妍　摄）

2016 年年初，开始进行滇池金线鲃池塘种草养鱼，投放鱼种数量 3 万尾，至 2016 年年底，清塘收获滇池金线鲃 2.5 万尾，养殖成活率 83.8%。

案例亮点

（1）掌握关键环节，提高孵化成功率。滇池金线鲃受精卵的布卵是能否成功孵化的关键所在，需要特别重视，孵化期间适当人为干预，促进鱼卵的成功孵化。

（2）遵循鱼类的栖息习性，营造适宜生境。滇池金线鲃是半洞穴性鱼类，种植水草模拟其野外生活环境，既能作为滇池金线鲃的栖息地，又能起到净化水质的作用，达到事半功倍的效果。

（3）加强养殖管理，控制藻类生长。藻类过度生长易造成水体缺氧，种草养殖模式需要清理过密的金鱼藻，同时加大夜间水体交换量，以保证池塘溶解氧充足，从而确保滇池金线鲃的正常生长。

适用范围

本案例适用于国内外高原湖泊淡水鱼类的养殖，其他海洋鱼类的养殖也可以参考本案例模式。

（韩煜）

百花岭"鸟塘观鸟"模式助力鸟类保护与可持续利用

滇西北是我国以及全球生物多样性热点地区，也是一个多民族聚集区。历史上，当地百姓对自然资源依赖程度高，常常将保护价值很高的生态天然林改造成经济林；此外，很多民族都有狩猎的传统，捕猎行为时有发生，严重危害着鸟类的生存。如何权衡生物多样性保护与社区经济，实现保护与发展和谐共进，是目前迫切需要解决的问题，而"鸟塘观鸟"模式的出现开启了生物多样性可持续利用的新局面。

案例描述

"鸟塘观鸟"模式是我国西南边远地区的村民在旱季（11 月—翌年 4 月）生物多样性较高的原生自然环境中，在鸟类栖息地的边缘通过补充水源和食物吸引鸟类，并在周围搭建伪装棚，供观鸟者和拍鸟者近距离观察和拍摄，以此收取费用的一种生物多样性利用新模式。2009 年，百花岭村建成世界上第一个鸟塘（图 2-10-1）；鸟塘主要分布在云南省保山市隆阳区百花岭村和德宏傣族景颇族自治州（以下简称德宏州）盈江县，其中，百花岭村有鸟塘 21 个，盈江县有鸟塘 30 个。此外，德宏州芒市、瑞丽市，怒江傈僳族自治州贡山县、泸水市等地也有鸟塘分布，但数量较少。

（1）"鸟塘观鸟"模式是当地生物多样性优势与农民智慧创新的巧妙结合。在面积约 100 m² 的鸟塘，一天可以见到几十种鸟类，其中不乏很多稀有度极高的鸟类，如冠斑犀鸟（*Anthracoceros coronatus*）、双角犀鸟（*Buceros bicornis*）、大黄冠啄木鸟（*Picus flavinucha*）、蓝背八色鸫（*Pitta soror*）、灰孔雀雉（*Polyplectron bicalcaratum*）等极危、濒危物种。另外，鸟塘环境布设合

图 2-10-1　百花岭村 1 号鸟塘内部布局（高晓奇　摄）

（右下水源为人为引水，树桩及周边草地上撒有面包虫和谷物）

理，伪装棚距离较近，拍摄背景、距离、光线等条件可以很好地被控制，非常容易出"大片"。

（2）鸟塘利用生物多样性推动了减贫。鸟塘的收益主要来自观鸟门票，例如，百花岭村鸟塘门票为 60 元 /（人·天）。此外，鸟塘建立了交通接送、餐饮住宿以及设备搬运服务等方面的配套运营体系。综合起来，每位观鸟者每天的消费在几百元至上千元。2018 年，保山市百花岭村由观鸟带动的收入达到 5 100 万元，占全村总收入的 78.5%。2008—2018 年，鸟塘使百花岭村人均收入翻了两番，由不到 3 000 元增加到 2018 年的 1.3 万元。

（3）鸟塘化解了保护与发展的矛盾。鸟塘的成功使当地群众意识到生物多样性的价值，对生物多样性保护的热情空前高涨，乱砍滥伐现象也已杜绝，有狩猎传统的景颇、傈僳等少数民族也由狩猎人变成了护鸟人。在百花岭村，随处可见生物多样性保护的宣传标语，野生动物保护和环境保护被写入了《村规民约》中。2017 年 12 月，盈江县太平镇犀鸟谷抓获 2 名非法捕鸟者，这是首个由中国犀鸟谷当地村民自发地组织抓捕捕鸟者的案例。生物多样性保护在当地已形成群众自发、自愿的行为。社区群众在保护生物多样性的同时享受到了生物多样性带来的红利，化解了生物多样性保护与社区发展的矛盾，为保护区与社区的和谐发展提供了新的思路。

案例亮点

（1）"鸟塘观鸟"模式的成功是对"绿水青山就是金山银山"科学论断的创新探索实践。

（2）"鸟塘观鸟"模式带动了社区经济发展，实现了鸟类保护与经济发展的协同增效，提高了当地农民的收入。

（3）"鸟塘观鸟"模式化解了保护与发展的矛盾，带动当地居民自发、自愿保护鸟类多样性，为保护区和社区协同发展提供了新途径。

适用范围

对鸟塘的布设密度和利用强度等进行科学评估并建立风险预警体系以后，鸟塘可布设于雨、旱两季分明且鸟类多样性丰富的地区。

（高晓奇）

第 3 章

森林和草地资源

　　森林和草地生态系统是两种能够提供重要服务的生态系统类型，也是受资源过度或不合理利用影响较大的生态系统类型。面对资源过度利用与可持续开发之间的矛盾，亟须开发出能够确保森林和草地生态系统可持续提供服务的利用模式。可通过转变管理理念，鼓励企业参与，形成企业与政府的合力，培育林下生物资源，采用"半留半放牧"等方式，寻找替代生计，发展森林旅游等方式，保护生物多样性，增加当地农牧民收入，最终实现两种生态系统可持续提供各类服务的目标。本章将对上述各类方式进行介绍，供国内外类似地区参考借鉴。

浙江昌化林场可持续森林经营实践

森林作为重要的可再生资源,在中国经济发展中做出了重要贡献:一方面,满足人们对木材产品的大量需求;另一方面,发挥着重要的碳汇功能。面对森林资源保护与砍伐之间的矛盾,森林经营管理者急需找到两者之间的平衡点。森林管理委员会(FSC)致力于促进全球可持续的森林管理,通过FSC 认证可以有效提高森林管理者可持续经营意识,提高森林生物多样性,并减少能源消耗。目前,中国仅有少数森林经营单位通过了 FSC 认证。因此,如何应用 FSC 认证保证森林生产力,保持其更新能力,维护森林生态系统服务功能,是中国森林经营者需要思考的问题。

案例描述

昌化林场位于浙江省西北部,森林类型为亚热带天然常绿阔叶林,林场经营面积 12.2 km²,森林覆盖率达到 91.3%(图 3-1-1)。昌化林场分为干坑林区、毛山林区、龙塘山林区和龙岗林区 4 个林区,其中龙塘山林区为自然保护区实施禁伐区。2002 年,为了满足市场对可持续林产品的需求,昌化林场接受FSC 认证机构 SmartWood 的认证评估,成为中国首家通过 FSC 认证的森林经营单位。之后,昌化林场通过次生林改造、采伐迹地更新、保护物种栖息地改造,使森林资源得到有效保护,成功实现林场可持续经营和森林多资源利用。

毛山林区和干坑林区作为主要的伐木林区,均进行人工林改造,特别是毛山林区由荒山被改造为以松木和杉木用材林为主的林场,宜林地全部绿化,增加了林区森林覆盖率。龙岗林区以森林抚育为主,用于保护区域生物多样性,并发挥区域生态系统服务功能。

为了保证对生态系统的最低干扰,昌化林场限制运输车辆和采伐设备的数量,所有采伐活动全部由人工完成,采伐后的树皮和木屑全部留在原地,

图 3-1-1　昌化林场（史娜娜　摄）

保证土壤养分。干坑林区是野生梅花鹿的种群活动地，为了保护野生梅花鹿及其栖息地，林场伐木员积极监测其种群数量，并对其栖息地林分进行改造，以保证其更为广泛的活动空间。通过采伐员的保护，林场内野生动物被非法捕杀的现象得到有效遏制。

受到 FSC 认证对社区关系要求的影响，林场开始允许周边村民按照传统习惯有限使用林场内的非木材产品，并对村民采集活动进行管理，如干坑林区内的小竹笋、天然阔叶林区内的野生食用菌等，实现了林场内多资源的有效可持续利用，避免了非法砍伐，促进了社区和谐发展。

FSC 认证后，昌化林场木材价格比本地同类木材价格高 350 元 /m³，林场内员工收入水平大幅度提高。林场内大量出产竹笋、山核桃、茶叶、野生药材等具有经济价值的非木材资源，银杏、红豆杉、野大豆、梅花鹿、穿山甲等高价值保护物种也得到有效保护。

案例亮点

（1）积极推行 FSC 认证。昌化林场应用 FSC 认证对森林可持续经营产生了积极的影响，既保证了森林生产力，保持其更新能力，也维护了森林生态系统服务功能。

（2）提高森林生态系统服务功能。昌化林场通过保护物种栖息地改造，增加了森林面积，改善了林分状况，提高了森林生态系统服务功能，对生物多样性保护起到了积极作用。

（3）加强巡护与管理。林场巡护员对生物的多样性保护，保证了林场内野生动植物资源的可持续利用。

（4）替代生计有利于实现保护与发展双赢。以非木材产品替代木材产品，为当地居民找到了替代生计，既保护了当地的生物多样性，实现了多种生物资源的可持续利用，也提高了当地居民的收入，带来了经济效益、生态效益、社会效益。

适用范围

本案例适用于国内外可持续经营林场，为了减轻自然资源和生物多样性压力而需要采取替代生计的地区，致力于生物多样性保护和社区发展双赢的社区。

（王琦）

百花寨国有林场森林资源多元化发展

随着社会经济水平的不断提高，人们的生态保护意识也逐渐增强。中国共产党第十八次全国代表大会提出将提高森林覆盖率、改善人居环境作为生态文明建设的重要目标。在向这一重要目标迈进的过程中，国有林场多元化发展将发挥至关重要的作用。如何实现森林资源的科学经营与管理、保护物种多样性、促进森林资源可持续利用与发展，满足人民日益增长的对森林产品、美好环境、生态旅游服务的需求，是国有林场面临的重大挑战，同时也是重要的发展机遇。

案例描述

百花寨国有林场位于安徽省合肥市庐江县西南部柯坦镇，地貌类型为大别山余脉低山，最高峰为牛王寨（海拔 596 m）。百花寨国有林场自 1972 年开始造林，1974 年建场，场内的国家公益林和省级公益林总面积 400 hm²，森林覆盖率达 98.4%；林分多为针阔叶混交林结构，存在分布不均匀、林分质量较低、低产低效林比重较大的问题。为促进森林资源可持续利用，提升森林的供给功能，林场采用了合理调整树种结构和强化森林资源管护的开发利用方案，逐步调整林分机构，提高森林资源质量，即利用林分修复补植、人工促进天然更新、森林抚育等营林措施，营建针阔叶混交林，形成复层林、异龄林结构，逐步改善林分结构，保障森林资源的质量，进而提高森林的生态功能。

（1）林分修复补植。通过林下补植榉树（*Zelkova serrata*）、檫木（*Sassafras tzumu*）、木荷（*Schima superba*）、枫香树（*Liquidambar formosana*）等乡土阔叶树种、珍贵树种，对郁闭度在 0.2 ~ 0.5 的稀疏林地、低产低效林地进行改造，伐除林分内枯立木、断头木等劣质林木。加强幼苗、幼树的保护和抚育，促进林分郁闭，幼林郁闭后，适时根据林分状况进行修枝、定株、抚育，促进林木生长，同时对原有的林木进行生长伐，促进林木优势个体生长。最终构建针阔叶混交的优良林分，提高森林资源质量。

（2）人工促进天然更新。采用带状、块状造林方式培育，树种选择木荷、枫香树、榉树、重阳木（*Bischofia polycarpa*），同时保留具有生长优势的马尾松（*Pinus massoniana*）、杉木（*Cunninghamia lanceolata*）等幼苗幼树，提高林下幼树和混交树种的数量和质量（图3-2-1）。对现有林分进行改造，选择目标树和辅助树，一般选择生长良好、干型通直、价值高、无病虫害的林木作为目标树，每次生长伐均保留目标树和辅助树，伐除干扰目标树生长的灌藤杂草。同时保留林下天然下种、生长良好的幼树（苗），及时抚育更新层幼树（苗），并补植枫香树、檫木、榉树，以逐步形成异龄林。

（3）实施中幼林抚育。采取抚育技术，如割灌、除萌、扩穴等，对林相不整齐、单位面积蓄积量低、林分密度大的林分进行结构优化，改善林木生长环境，提升森林生态系统稳定性和功能，做到增绿与增收、增效并重。

（4）强化森林资源管护，建立联防机制，全面推行林长制，对国家级和省级公益林实行重点保护，运行"五个一"平台，为森林资源可持续发展和

图 3-2-1　马尾松（史娜娜　摄）

利用提供有力保障。①强化森林防火、有害生物防治、经营管理等制度建设；②完善督查考核和责任追究制，杜绝森林火灾和乱砍滥伐现象；③组织林场职工每年春季修整山界，每年秋季清理防火通道，做好侵占国有林地和非法征用、占用林地调查摸底，做到权属清晰；④借助3A景区虎洞生态旅游区的优势，打造百花寨国有林场森林生态旅游景点，提升林场知名度，增加林场的可利用度。

案例亮点

（1）开拓多元化发展之路。践行绿色发展理念，开拓了一条国有林场立足现状，提升森林生态系统服务功能，实现森林资源多元化利用和可持续发展的道路，具有示范引领作用。

（2）推行林长制。制度建设是根本，全面推行林长制，是实现森林可持续利用的有力保障。

（3）保护中发展，发展中保护。"森林与共，生生不息"，实现了造林、保护和利用并重，最大限度地守护森林、保护环境，提升森林生态功能，实现森林资源保护与多元化利用共赢。

适用范围

本案例的森林资源多元化可持续利用模式适用于全国范围的国有林场，其他林场的可持续利用可参考本案例。

（史娜娜）

"塞罕坝模式" 多途径利用森林资源

自 20 世纪 50 年代至今，中国建立了 4 800 多个国营林场，还有大面积的国有林区，这是一笔具有生态意义和经济意义的巨大财富。如何实现生态效益与社会效益双赢是全社会共同关注的问题，特别是在高寒地区，开展森林可持续经营、野生动植物资源保护与利用，不仅能增强国有林场森林资源的永续利用能力，还能发挥其骨干示范作用，推进中国森林资源可持续经营。

案例描述

塞罕坝机械林场（以下简称林场），位于河北省承德市围场满族蒙古族自治县坝上地区，处于内蒙古高原到华北山地的过渡地带，属内蒙古浑善达克沙地南缘及冀北山地森林的北缘，生态区位复杂且重要，是保护京津唐地区及华北大平原的生态屏障（图 3-3-1）。2012 年，林场被国家林业局定为森林资源可持续经营试点单位，其主要经验和做法如下。

（1）稳定的建设管理模式。林场采取高规格的垂直管理模式，即林场直接归河北省林业和草原局管理，而不是更常见的"市管""县管"。在垂管模式下，能够最大限度地获取资金和人才保障，顺利完成生产。

（2）创新育苗和种植技术。在高寒地区，研发了全光育苗法、三锹半人工缝隙植苗技术，得以全面检验并获成功；创造了石质阳坡造林法，采用"深坑、大穴、客土、覆膜"整套技术完成石质阳坡造林 7.5 万亩，成活率在 90% 以上；开创了中国高寒地区栽植落叶松成功的先例，也开创了国内使用机械成功栽植针叶树的先河。

（3）采用森林可持续经营模式。创新了"人工异龄复层混交林"培育模式，即树下"引阔入针""林下植树"等，在高层树下植入低龄云杉等，逐渐形成了以纯人工林为顶层，灌木、草、花、次生林的复层异龄混交结构，并

图 3-3-1　秋季塞罕坝（王放　摄）

利用五年的"抚育间伐"，将造林之初的每亩地密植 222 株松树减少到 50 株，个别区域仅保留 15 株，通过调整树种结构，促进异龄林形成。经过多年探索，推行了落叶松中小径材培育、樟子松大径材培育、绿化苗木培育、人工林健康经营、天然次生林改造培育、森林公园景观游憩林改良 6 种森林经营模式。

（4）培育产业，实现发展方式大转变。建成了 8 万余亩的苗木基地，育有 1 800 余万株多品种、多规格的苗木，成为华北地区重要的园林树种培育基地，年收入超过 1 000 万元，甚至达到 2 000 余万元。在林场的带动下，周边地区的绿化苗木产业也迅速发展。林场职工人均收入明显超过同类单位平均水平，基层职工生产生活水平得到全面改善。

（5）发展森林旅游。2014 年起，塞罕坝开始科学核定旅游承载力，将年接待游客数量增长率控制在 3% 以下，每年门票收入达 4 000 万元，提供临时就业岗位 1.5 万余个，带动了周边地区的乡村游、农家乐、山野特产等产业发展，实现社会总收入 6 亿多元。

（6）拓展碳汇项目。启动了总减排量为 475 万 t 二氧化碳当量的造林碳汇和营林碳汇项目，其中 18.3 万 t 造林碳汇已经挂牌出售，是迄今为止中国林业碳汇签发碳减排量最大的资源减排碳汇项目。

目前，林场中的有林地面积达 112 万亩，是世界上面积最大的人工林。森林覆盖率由建场前的 11.4% 提高到 80%；林木总蓄积量为 1 012 万 m^3，每年为滦河、辽河下游地区涵养水源、净化水质 1.37 亿 m^3，吸收二氧化碳 75 万 t/a。生态改善提高了区域生物多样性，据统计，目前塞罕坝陆生野生脊椎动物达到 261 种、昆虫 660 种、大型真菌 179 种、植物 625 种。其中，国家重点保护动物 47 种，国家重点保护植物 9 种。

案例亮点

（1）打造高寒地区森林资源可持续发展样板。塞罕坝提供了高寒地区提升森林生态系统功能的样板，诠释了保护与发展的内在统一。

（2）实施森林可持续经营方式。创新管理方式、技术方法和思维方式，实现了森林可持续经营的四大转变，包括资源培育、经营模式、经营目标、用材林培育，为其他林场可持续经营提供了范本。

（3）拓宽经营模式，提高生计。森林旅游、绿化苗木等绿色产业的收入，为资源的永续利用和可持续发展奠定了基础。

适用范围

本案例适用于高寒地区森林资源的可持续经营；国有林场森林资源的可持续经营；其他林场或林业可持续发展地区。

（史娜娜）

红树林在海南省三亚城市建设中的多样用途

生物多样性为城市的生存与发展提供了大量的生物资源，如工业原料、建筑材料、食物、药物、新型能源等。但人类不合理的开发活动，如毁林围海造田、毁林围塘养殖、毁林围海造地等，使生物多样性提供多种服务功能的能力逐渐减弱。城市建设对生物多样性的影响是一个世界性的热点问题，城市开发与生物资源可持续利用如何协同发展，是城市建设和管理的一个难题。

案例描述

红树林（mangrove）被赋予消浪先锋、海岸卫士的盛名，具有发达的根系，能在海水中生长，是在热带、亚热带低能海岸潮间带上部，海湾、河口泥滩上特有的常绿灌木和小乔木群落（图 3-4-1）。红树林生态系统是热带、亚热带海岸带海陆交错区的重要生态系统，具有维持生物多样性、防风消浪、净化污染物等重要的生态系统服务功能。三亚市在城市建设中充分考虑了红树林的生态功能、环境效益和景观价值，实现了红树林资源的保护和可持续开发与利用。

（1）红树林适宜栖息地营造，形成不同自然驳岸，扩大生长范围。通过湿地基底重构，形成了指状渗透，使自然驳岸增加到 4 000 m；交错布置湿地基底，使得枝杈状的基底在退潮时可以滞蓄海水；利用场地堆填的城市建筑垃圾和拆除防潮堤遗留的混凝土废料，通过填—挖的方式创造各种水位高差，来满足以红树林为主的各类动植物的生长栖息需求，形成丰富的驳岸生态系统。红树林在碎屑食物链中起着重要作用，源于区域湿地水文状况不断改善提升，为栖息于红树林的水鸟提供了生境条件。

图 3-4-1　红树林（朱金方　摄）

（2）恢复物种多样性。沿湿地边缘种植先锋树种——桐花树（*Aegiceras corniculatum*）、白骨壤（*Avicennia marina*），滩地部分种植真红树品种［秋茄（*Kandelia candel*）、红海榄（*Rhizophora stylosa*）、角果木（*Ceriops tagal*）、木榄（*Bruguiera gymnorhiza*）、海莲（*Bruguiera sexangula*）］和半红树品种［猫尾木（*Dolichandrone cauda-felina*）、玉蕊（*Barringtonia racemosa*）、黄槿 *Hibiscus tiliaceus*）、水翁（*Cleistocalyx operculatus*）、水黄皮（*Pongamia pinnata*）、银叶树（*Heritiera littoralis*）］,满足野生动物觅食、休憩和避险等需求。

（3）开展分区分级保护规划。根据红树林的分布和资源保存状况，实行分级保育。以潮汐淹没程度将红树林海滩从外向内划分不同的保护带，严控不同分区的人流量，减少人为活动对红树林的影响。

（4）创建红树林特色功能区，充分发挥其多样价值。构建红树林生境园、红树林丰果园、红树林游乐园、红树林科普岛 4 个功能区域。利用慢行游憩系统，丰富体验项目与节事活动，激发区域活力，建立起以红树林保护为核心的集生态涵养、科普教育、休闲游憩于一体的红树林生态科普乐园，不仅保护了生物多样性，还发挥了生物多样性自身价值，促进了生物资源的可持续利用。

目前，三亚红树林生态公园已恢复红树林树苗 11 万株，植被种类 33 种，成为候鸟的越冬场和迁徙中转站，更是各种海鸟觅食、栖息、生产繁殖的场所。该公园延续临春岭山体景观，做到"还绿于民，还景于民"，具有较高的景观价值、文化价值。

（5）红树林的药用价值。红树林的工业、药用等经济价值很高，为人们带来大量日常保健自然产品，如木榄和海莲类的果皮可用来止血和制作调味品，红树林的根能够榨汁，是生产亚洲女性经常使用的贵重香料的生产原料。

案例亮点

（1）发挥红树林的多样价值优势。红树林在城市建设中充分发挥了其资源优势，创造了景观价值、文化价值等，提供了红树林可持续利用的一种新模式。

（2）打造城市建设中保护与利用生物资源的样板。这是生物资源在城市建设过程中实现可持续利用的典型案例，不仅利用了红树林资源，还因势利导，实现了其他资源的再利用，具有推广价值。

适用范围

红树林在三亚城市建设中的可持续利用为城市的开发建设提供了可供借鉴的生物多样性保护与可持续利用的经验和方法，其他城市建设活动可参考本案例。

（史娜娜）

蜜蜂—蜜源植物相辅相成促发展

　　中国偏远山区生物资源丰富，当地居民由于交通限制，生产生活和经营方式严重依赖当地生物资源，造成区域生物多样性降低，生态系统服务功能下降。如何平衡生物多样性保护和经济发展的矛盾，实现生物资源的可持续利用，是中国大多数偏远山区普遍存在的问题。四川省平武县，依靠一只小小的中华蜜蜂，让当地"靠山吃山"的资源消耗型经营模式被彻底废弃。村民富了，山林绿了，各类生物资源得到可持续利用，社区居民生物多样性保护意识增强，为中国偏远山区生物资源可持续利用树立了典范。

案例描述 ···

　　四川省平武县关坝沟是中国大熊猫在岷山中段的中心栖息地，第四次全国大熊猫调查结果显示，该地区每 5 ～ 17 km² 就分布一只大熊猫（*Ailuropoda melanoleuca*），此外，这里还分布有红腹锦鸡（*Chrysolophus pictus*）、川金丝猴（*Rhinopithecus roxellana*）、四川羚牛（*Budorcas tibetanus*）等国家特有动物和重点保护动物。关坝村所在的平武县四周分布的唐家河国家级自然保护区、余家山自然保护区、老河沟自然保护区和小河沟自然保护区连接成为大熊猫等重要物种的生态保护网络（图 3-5-1）。

　　平武县由于地域偏远、交通不便，当地农民只能靠山吃山，比如饲养家畜、砍树开荒、采挖珍稀中药材等。牛羊等动物对于山上的草皮破坏十分严重，排泄物对周围的水体也造成了一定的污染；重楼、羊肚菌（*Morchella esculenta*）、天麻（*Gastrodia elata*）等重要珍稀物种面临过度采挖的威胁；森林生态系统结构受到破坏，进一步威胁当地重要珍稀物种的栖息地健康。

　　为了能够保护当地自然环境，建立可持续发展的良性经济，当地政府为村民们寻找替代生计，他们把目光投向了养蜂业，政府成立了平武县养蜂合作社,坚持古法养蜂,他们选择中国特有的中华蜜蜂进行养殖。中华蜜蜂(*Apis cerana*)是中国特有的野生蜂种,近年来,由于人类的干扰和外来生物入侵,其数量越来越少。

图 3-5-1 冬季平武县王朗保护区(刘方正 摄)

中华蜜蜂对环境高度敏感,养蜂合作社的成立有效促进了当地生物资源的保护。以前村民砍伐的林地现在成为蜜蜂的蜜源地,得到了村民的自发保护。为了维持当地山花繁茂,为蜜蜂提供更好的生存条件,留下更多的林木资源,村民将自家的灶台改造成节柴灶;为了防止外来人员对当地生物资源的破坏,村民自发组织了巡山队,保护当地原始森林不被偷伐,野生动物不被偷猎,水源不被污染等。

平武县养蜂合作社的蜂蜜很快受到了市场青睐,产品陆续被各大酒店集团收购,村民也从养蜂收益中尝到了甜头,越来越多的村民加入养蜂合作社,养殖中华蜜蜂,平武县中华蜜蜂的种群数量也开始逐步恢复。

现在的平武县自然生态环境越来越好,村民的生物多样性保护意识也得到显著提高,珍稀药用植物不再有人过度采伐,他们开始关心当地的野花蜜源有没有受到污染，山里的大熊猫有没有受伤或者生病。"靠山吃山"和"可持续发展"的理念通过中华蜜蜂养殖在当地得到完美结合。

案例亮点

（1）寻找替代生计。替代生计是实现生物资源可持续利用的有效途径，掌握技术的农民脱贫致富不再以破坏自然资源为代价。

（2）政府积极引导。偏远地区在推广替代生计的过程中，政府扮演着重要角色，政府的方向性引导是替代生计成功实施的关键。

（3）保护与发展双赢。通过中华蜜蜂的养殖，既保证了蜜蜂种群的可持续发展，也减轻了其他生物资源的利用压力，破坏生物多样性的现象得到了遏制，实现了生物资源保护与可持续利用、经济效益的共赢。

（4）提高居民保护意识。好的替代生计可以提高社区居民的生物多样性保护意识，这才是实现生物多样性可持续利用的根本途径。

（5）因地制宜发挥资源优势。替代生计应当充分利用地区的自然条件，尊重当地传统，研发可以发挥当地优势的替代生计。

适用范围

国内外经济发展严重依赖自然资源，尤其是生物多样性资源丰富的偏远农牧地区；经营方式单一，生物多样性保护和地区经济发展存在严重矛盾的农牧地区，都可借鉴本案例。

（王琦）

提升三江源高寒草地生态系统服务促进畜牧业可持续发展

三江源是中国典型的高寒草地分布区，其山地植被是畜牧业发展的物质基础，为人类提供了大量的生物资源；三江源高寒草地生态系统具有防风固沙、保持水土、涵养水源等生态系统服务，对维护区域可持续发展发挥重要作用。三江源高寒草地生态系统对外界干扰极为敏感，长期以来，在气候变化和社会经济发展的双重影响下，高寒草地出现不同程度的退化。因此，三江源地区通过一系列修复措施推动了区域生态系统服务能力的提升，特别是在三江源高寒地区畜牧业发展中，近年来也注重生物资源的可持续利用和生态系统服务能力的提升。

案例描述

三江源地区位于中国青海省南部，海拔 3 500 ～ 4 800 m，是长江、黄河和澜沧江的源头汇水区，生态地位极其重要，其对可持续发展的作用为全社会广泛关注（图 3-6-1 和图 3-6-2）。近年来，高寒草地生产力逐渐降低，威胁着高寒地区的生物多样性及其可持续利用。为响应区域生物资源可持续发展与利用的需求，青海省海南藏族自治州率先采用中国科学院西北高原生物研究所等研究团队的草地生态系统服务提升技术，并对研究成果进行示范推广，形成了高寒地区畜牧业发展新范式。

（1）选育牧草新品种。驯化选育出适宜高寒牧区的新品种 6 个，包含牧用型、生态型和刈用型 3 个类型，适用于不同退化程度、不同利用功能的草地。

（2）不同草地分类治理。在轻度退化区，以合理轮牧减轻放牧压力为主；在中度和重度退化区，以免耕补播和有害生物防控为主；在极大退化区，通

图 3-6-1　三江源生态系统（付梦娣　摄）

图 3-6-2　三江源高寒草地（付梦娣　摄）

过植被重建逐步恢复其功能。植被建植后，第 1 年禁牧；第 2 年牧草生长期
（5—10 月）禁牧，枯草期放牧；第 3 年以后，牧草返青期（5—6 月）禁牧，

生长期和枯草期放牧。为维持较高的物种丰富度和草地初级生产力，对三江源未退化草地资源采用"用半留半"的原则，根据生态系统承载力，计算适宜的放牧强度，全年适宜放牧强度为 $1.54 \sim 2.52$ 羊单位 $/hm^2$。

（3）分区合理利用。将三江源划分为纯牧业区、农牧交错区与河谷农业区三大地理分区。纯牧业区重点实施牦牛和藏羊放牧繁育，农牧交错区开展优良饲草基地建设，河谷农业区以农副产品资源高效利用为核心，从而实现饲草与家畜时空互补、资源互作效应。

此外，青海省在青藏高原上推动建立了全国唯一的一个以畜牧业发展为主体的国家级可持续发展实验区——青海海南藏族自治州畜牧业可持续发展实验区，开展畜牧业关键技术的研发、集成和示范推广，形成了"治理—种草—养畜—销售"的高寒草地畜牧业新模式。

高寒草原畜牧业新发展范式实践成功，该范式既可以提升草地生态系统服务，又可以保障经济效益，促进畜牧业长足发展，实现人与自然和谐共生。

案例亮点

（1）提升生态系统服务，保证生物资源可持续利用。遵循区域自然本底特征，因地制宜发展畜牧业，既增加了草地的物种多样性，又提高了畜牧业生产效率，还减轻了天然草地的放牧压力，具有推广价值。

（2）生态系统服务提升与当地经济发展紧密结合。不同措施既保障了草地生态系统服务提升，又实现了农牧民增收，增加了经济效益，实现了双赢。

（3）政府与科研单位成功合作。在高寒地区畜牧业发展和生态系统服务提升过程中，企业和科研单位始终合作，为资金和技术提供了保障。

适用范围

国内外高寒草地生态系统脆弱地区，高寒草地生态系统服务与当地畜牧业需要协同增效的地区；其他区域草地资源可持续利用都可借鉴本案例。

（史娜娜）

划区轮牧制提升典型草原生态系统服务

　　草地是陆地生态系统的重要组成部分之一，约占全球陆地总面积的 30%。草地生态系统具有防风固沙、保持水土、涵养水源等生态服务功能，也是畜牧业发展的一个重要载体。草地主要分布在干旱半干旱地区，对外界干扰变化极为敏感。长期以来，由于自然因素及人为因素的影响，草原出现不同程度的退化，草原的可持续利用是畜牧业长足发展需要解决的难题。因此，划区轮牧制应运而生，这是一种科学利用草原的方式，在保证经济效益的同时，提高生态系统服务，实现人与自然和谐共生。

案例描述 ·················

　　锡林郭勒草原是中国境内最具代表性的温性典型草原，锡林浩特市位于锡林郭勒草原中部，市境南北长 208 km，东西长 143 km，总面积 15 758 km²。为合理利用草原，锡林浩特市政府结合不同草地类型、草地利用现状和畜牧业生产实际，对承包到户的家庭牧场，进行了划区轮牧技术的示范推广（图 3-7-1）。

　　（1）轮牧方案设计
　　①确定划区轮牧牧户。

图 3-7-1　锡林浩特市草原（王琦　摄）

详细调查牧户基本情况、牧户所在处草地类型、草地面积及边界、畜群结构及其经营管理出栏收益情况，选择确定轮牧牧户。选择划区轮牧牧户需具备以下条件：草场已承包到户且有能力自愿承担项目自筹资金的牧户；牧户基础设施较完善，具有一定的饲草料供给能力；草场已承包到户且草场界限明确。

②计算牧户草地载畜量。用样方法描述植物群落特征，测定各种植物的盖度、高度、频度和单位面积牧草产量确定草场类型和生产力，测定人工饲草料地和打草场的单位面积产草量，根据人工饲料地和打草场面积计算饲草料总储量。根据天然草地合理载畜量和放牧场、人工饲草料地、提供的饲草总产量计算草地合理载畜量。

③划分季节放牧草地。通过冷暖季面积的合理划分与家畜的季节动态相匹配，实现草畜动态平衡。

暖季放牧草地面积 = 牲畜头数 × 日食量 × 放牧天数 / 牧草产量
× 草地利用率（%）

冷季放牧场面积 = 草场总面积 − 暖季放牧场面积 − 饲草料地面积

④轮牧小区的确定。季节放牧草地或全年放牧草地面积确定后，根据轮牧周期，放牧天数计算轮牧小区数目。

⑤确定轮牧终始期。始牧期是指牧草返青后，单位面积牧草生长量达到单位面积草地产草量的 15% ～ 20% 时开始轮牧；终牧期是指牧草停止生长，单位面积草地现存量占单位面积草地产草量的 10% ～ 15% 时终止轮牧。

⑥划区轮牧设计图。利用全球定位系统、航拍等测量工具确定草场边界及边界各拐点的方位，并测出各拐点之间距离。同时确定轮牧区内建筑物及水井等固定基础设施的准确位置，编制大比例尺设计图。

（2）划区轮牧基础设施建设

在轮牧区外围和内部设置围栏；轮牧小区内根据牲畜数量设置饮水槽数量，保证牲畜足够饮水量；在两个轮牧区之间设置 1 条牧道，兼作拉草拉水用，宽度 5 ～ 10 m，在靠牧道一侧的小区围栏设置大门作为家畜进出小区的通道。

（3）配套技术措施

①饲草料储备。根据饲养畜群存栏数量、畜群结构来计算冬春季需饲草料量。按冬春季草场、割草地及人工饲草料地提供饲草料及时足额储备，储备饲草料时要充分考虑灾年及春季休牧时的饲草料供给。

②棚圈建设与饲养管理。建设标准化暖棚，根据牲畜生物学特性及对温度、湿度、光照等的要求，结合当地气候条件，采用透风性低，易封闭的覆盖材料建棚圈。采用暖棚接羔、育羔，推行早产羔、早断奶、早分群、早育肥、早出栏等"五早"措施。

③家畜疫病防治。定期对放牧家畜进行全群驱虫、药浴和注射疫苗等防治措施，减少和防治内外寄生虫病及传染病的发生。

划区轮牧在锡林浩特市草甸草原、典型草原经过示范后，群落及主要植物种群的高度、盖度、密度均较自由放牧有不同程度的提高，草地载畜率提高 23% ～ 28%，在取得生态效益的同时，经济效益也有了一定程度的提高。

案例亮点

（1）科学设计，以草定畜。将放牧草地进行季节划分，实行轮牧制，既能保障草地资源的自我更新，又能维持其功能，使生物多样性不降低。

（2）精准制图，确保草场落地准确。利用现代化测量工具确定草场各个轮牧区的位置和边界，为后续基础设施建设提供前提。

（3）精细管理，实现生态效益与经济效益双赢。在草场划区轮牧的同时，配套饲草料储备、家畜繁育和疫病防治等精细化管理措施，提高草地载畜量。

适用范围

为科学利用草地资源，国内外草原地区均可借鉴本案例的划区轮牧技术实现草地的合理利用，尤其适用于存在过度放牧问题的草原。

（韩煜）

第4章

渔业资源

　　渔业资源是一种重要的水域生物资源，是各类水域生态系统服务的表现形式之一。如何实现水域生物资源的可持续利用，是关系国计民生的重要问题。长期以来受经济利益的驱使，过度捕捞和环境污染影响着水生生物种群繁衍和生物多样性，最终危及渔业的可持续发展。为了确保渔业的可持续发展，渔业政策的正确引导势在必行，渔业产业结构的调整迫在眉睫。目前，中国已经逐步形成了以海洋捕捞和水产养殖为中心，以海洋牧场、休闲渔业为支撑的现代渔业立体结构，实现了产业转移，促进了三产融合，在保障渔民增产增收的同时，提升了水生生物多样性和各类水域生态系统服务。本章的案例将主要介绍如何成功建立现代渔业产业体系。

禁渔政策——渔业资源可持续发展的有力举措

渔业资源是指天然水域中具有开发利用价值的鱼、甲壳类、贝、藻和海兽类等经济动植物的总体，是水生生物资源的重要类型，也是渔业生产的基础。然而，由于过度捕捞和非法捕捞，致使渔获量下降、鱼类种群数量减少甚至灭绝，严重影响了渔业的发展。如何实现渔业资源的可持续利用，恢复生物多样性和维持渔业生产，禁渔政策无疑是一项重要措施。

案例描述

长江是世界上水生生物多样性最为丰富的河流之一，也是维护中国生态安全的重要屏障。长期以来，受拦河筑坝、水域污染、过度捕捞等影响，长江水生生物的生存环境日趋恶化，生物多样性持续下降，珍稀特有物种资源全面衰退，白鱀豚（*Lipotes vexillifer*）、白鲟（*Psephurus gladius*）等物种已多年未见，中华鲟（*Acipenser sinensis*）、长江鲟（*Acipenser dabryanus*）、长江江豚（*Neophocaena asiaeorientalis*）等物种极度濒危，"四大家鱼"资源量比 20 世纪 80 年代减少了 90% 以上。近年来，长江渔业资源年均捕捞产量不足 10 万 t，仅占中国水产品总产量的 0.15%。为有效恢复水生生物资源，2019 年 1 月，农业农村部等三部委联合发布了《长江流域重点水域禁捕和建立补偿制度实施方案》，该方案明确规定，自 2020 年 1 月开始，在长江流域重点水域分步实施禁捕政策，禁渔十年。

根据长江流域不同区域不同情况分步实施禁捕工作，中国政府确定了国家层面的禁捕目标任务和实施步骤。各省级政府是禁捕工作的责任主体，可以根据地方特点，制定和实施多样化的禁捕政策。

（1）长江水生生物保护区。2019 年年底以前，完成水生生物保护区渔民退捕，率先实行全面禁捕，今后水生生物保护区全面禁止生产性捕捞。

（2）长江干流和重要支流。2020年年底以前，完成长江干流和重要支流除保护区以外水域的渔民退捕（图4-1-1），暂定实行十年禁捕，禁捕期结束后，在科学评估水生生物资源和水域生态环境状况以及经济社会发展需要的基础上，另行制定水生生物资源保护管理政策。

（3）大型通江湖泊。大型通江湖泊（主要指鄱阳湖、洞庭湖等）除保护区以外的水域由有关省级人民政府确定禁捕管理办法，可因地制宜一湖一策差别管理，确定的禁捕区2020年年底以前实行禁捕。

（4）其他水域。长江流域其他水域的禁渔期和禁渔区制度，由有关地方政府制定并组织实施。

为了保证退捕渔民临时生活补助、职业技能培训等相关资金需求，各地政府结合现有政策资金渠道自行解决，中央财政通过奖补的方式予以适当支持。

（1）一次性补助。中央财政一次性补助资金根据各省份退捕渔船数量、禁捕水域类型、工作任务安排等因素综合测算，整体切块到各省市，由地方

图 4-1-1　巢湖（谢世林　摄）

结合实际统筹用于收回渔民捕捞权和专用生产设备报废，并直接发放到符合条件的退捕渔民。

（2）过渡期补助。中央财政在禁捕期间安排一定的过渡期补助，资金根据禁捕工作绩效评价结果等相关因素以绩效评价奖励形式下达，由各省市统筹用于禁捕宣传动员、提前退捕奖励、加强执法管理、突发事件应急处置等与禁捕直接相关的工作。其中，水生生物保护区过渡期为 2019 年和 2020 年，其他重点水域过渡期为 2020 年和 2021 年。

案例亮点

（1）保护优先，逐步恢复生物资源。长江"十年禁捕"政策以保护优先、自然恢复为主，通过禁捕消除外界干扰，使渔业资源"休养生息"，逐步实现长江流域水生生物资源的可持续利用。

（2）国家统筹推进，地方灵活施策。针对不同区域不同情况分步实施，分类管理，逐步扩大禁捕范围。赋予地方政府自主决策权，允许各地因地制宜制定和实施禁捕政策。

（3）开展生态补偿，确保政策稳步实施。采取以地方政府筹措为主，中央财政适当奖励的方式对渔民捕捞权收回、退捕渔民职业技能培训等禁捕相关工作进行资金补偿，保证禁捕政策的实施效果。

适用范围

国内外存在过度捕捞问题的江、河、湖、海等水域，在制定和实施禁捕、休渔政策时可以借鉴本案例的样板和经验。

（韩煜）

海洋生态牧场——现代渔业发展的新模式

中国海域辽阔，海洋生物多样性高，但是过度捕捞造成海洋渔业资源快速衰退，渔获物小型化、低龄化、低值化现象突出。面对中国海洋渔业资源衰退的问题，传统的渔业养殖捕捞方式已经不能满足现代人民生活对海洋资源的需求，因此，利用自然海洋环境，对人工放流的海洋经济生物进行有计划的海上放养，实现海洋农牧化，是现阶段解决制约中国海洋渔业可持续发展的有效措施。

案例描述

南麂列岛位于浙江省平阳县，由大小 52 个岛屿组成，区域面积 200 km²，是中国唯一一个国家级贝藻类海洋自然保护区，有"贝藻王国"的美誉。20 世纪 90 年代起，因过度养殖捕捞，南麂列岛渔业资源日渐衰退，传统的四大海产渔业中，野生大黄鱼消失，乌贼基本枯竭，小黄鱼衰退，带鱼小型化、低龄化现象严重。

为了促进南麂列岛海洋渔业资源的可持续利用，当地政府积极探索修复渔业资源的有效途径，采用岛礁栖息地修复、典型生物资源恢复与养护等技术方法，利用海洋自然环境，将人工放流的海洋生物聚集起来，对鱼、虾、贝等海洋资源进行有计划的海上放养，打造南麂列岛海洋生态牧场。

（1）通过投放人工鱼礁、种植各类海藻场和海草床，重建海洋生物栖息地。2011 年起，南麂列岛投放框型人工鱼礁超过 3 000 个，形成 17 个鱼礁群，特别是利用专项行动中缴获的钢制船舶，改造成人工鱼礁用于海洋生态牧场建设；投放浮鱼礁超过 3 万 m³；投放海藻增殖礁 300 多个，形成礁区面积达 100 hm²。

（2）人工繁育鱼苗，配套增殖放流措施，大幅度增加渔业资源。南麂列岛针对大黄鱼、黑鲷（*Acanthopagrus schlegelii*）、曼氏无针乌贼（*Sepiella maindroni*）、厚壳贻贝、鲈鱼（*Lateolabrax japonicus*）等 20 个品种，在人为建造的环境中养殖，达到指定规格的鱼苗，采用增殖放流措施放入海洋牧场，这些鱼苗栖息于人工鱼礁之中，摄食海洋中的天然饵料自然生长，从而大幅度增加渔业资源。

（3）建设曼氏无针乌贼生态调控示范区。在曼氏无针乌贼的产卵洄游通道上，通过岛礁栖息地修复技术营造了曼氏无针乌贼的栖息场地，使得曼氏无针乌贼的资源量大幅度提升。

近年来，南麂列岛渔场的渔获量显著增加，2019 年 10 月，大黄鱼养殖规模达到了历史最高水平的 2 倍，褐菖鲉（*Sebastiscus marmoratus*）、花鲈（*Lateolabrax japonicus*）、黑魢（*Girella mezina*）、黑鲷、黄鳍棘鲷（*Acanthopagrus latus*）等产量均超过 50 kg/（船·d）。

案例亮点

（1）积极推进海洋生态牧场建设。海洋生态牧场建设能够有效缓解近海渔业资源枯竭，是遏制过度捕捞养殖，实现海洋渔业资源可持续利用的有效途径。

（2）技术创新推动可持续发展。岛礁栖息地修复、典型生物资源恢复与养护等技术是实现海洋生物资源可持续利用的有效技术方法。

（3）实现资源利用与经济发展双赢。海洋生态牧场建设能够有效增加海洋物种多样性，消失的大黄鱼、曼氏无针乌贼等海洋渔业资源得到恢复，并取得良好的生态效益和经济效益。

适用范围

适用于重要渔业水域，与水利、海上开采、巷道、港区等其他海洋工程不冲突的区域，能够保证人工鱼礁稳定性的海域；涉及海洋生物资源保护与永续利用、沿海养殖业转型、海洋生物多样性修复的区域，本案例借鉴性较高。

（王琦）

多营养级立体养殖助推现代海水养殖产业可持续经营

　　随着人们对海产品需求的增加以及近海渔业资源的衰竭，海水养殖已成为获取海产品的重要方式。然而，海水养殖也是中国近岸海域的重要污染源之一，在一定程度上影响了海域生态健康，成为制约海水养殖业可持续发展的重要因素。科学、合理的海水养殖有利于提高水体自我修复能力，加快海洋经济跨越突破，实现海洋生物资源可持续利用。如何获取安全健康的海洋生物资源，既能保障海域生态安全，又能促进海洋产业绿色发展，成为现代渔业可持续发展需要解决的重要问题。

案例描述

　　浅海多营养层次生态立体养殖模式（以下简称 IMTA）是由山东省荣成市探索出的一种可持续集约化的海洋水产养殖模式。该模式将水分为上、中、下三层，水的上层，挂绳养殖海带或龙须藻等藻类；水的中层，挂笼养殖滤食性贝类或网箱养殖投饵性鱼类；水的底层，投放人工鱼樵，并进行底播增殖，养殖海参或鲍鱼等珍稀品种。在单位养殖面积上，按照 7：2：1 的比例部署藻类、滤食性动物和投喂性动物的养殖构造。上层，藻类利用光合作用吸收二氧化碳并释放氧气，养殖过程中脱落的碎屑便成为中层和底层生物的食物来源；中层，贝类是滤食性生物，其排泄物也同样被底层生物吸收；底层，海参等产生的粪便，通过水体循环，又成为上层藻类的营养源。养殖品种间的互补优势，不仅能多层次地利用养殖水体，又能保持海域养殖环境的生态平衡。

　　桑沟湾已经采用 IMTA 20 余年，效果显著。桑沟湾是黄海沿岸的半封闭海湾，是中国北方最具代表性的重点养殖海区和海产品基地。目前，已经在桑沟湾 20 万亩海域全面推行 IMTA，亩均效益增加 2.5 倍以上，年固碳量 11 万 t 以上，相当于植树造林 12 万 hm^2，实现了生态效益与经济效益的双赢。目前，荣成市海珍品总产量达到 9 万 t，年产值 100 多亿元，占养殖业总产值的 75%。目前，荣成市已经成为中国最大的生态养殖基地及农业农村部水产健康养殖示范场，正引领中国海水养殖的第 6 次发展浪潮。

为探索具有荣成特色的现代渔业发展道路，2013 年起，荣成市积极挖掘现代渔业的三产属性，全面开启海洋牧场建设，以海洋牧场和现代渔业为抓手，推动渔业供给侧结构性改革以及海洋一二三产业融合发展（图 4-3-1）。将海洋牧场作为全域旅游的一环，打造游钓型、科技型和田园型 3 个类型的海洋牧场。海上，建设"渔家乐"综合服务区，打造生态体验型休闲渔业；陆地，依托滨海沙滩、渔港、钓场等休闲场所和旅游景点，打造美食型休闲渔业。桑沟湾海洋牧场先后被农业农村部授予"国家级海洋牧场""国家级休闲渔业示范基地""水产健康养殖示范场""河鲀鱼协会副会长单位"，被山东省渔业厅授予"省级现代渔业园区""省级休闲海钓基地"等称号。目前，全市已培植省级以上海洋牧场示范区、休闲渔业示范基地、休闲海钓示范基地 44 家；建设特色渔村 5 个，打造了 16 个传统古村落；先后举办"渔夫垂钓"、亲子游、国际海钓精英赛、中韩海钓友谊赛等赛事 10 余场次。2017 年，海洋牧场、休闲渔业收入 34 亿元，带动渔民增收 6.5 亿元，实现了由卖产品向卖风光、卖体验转变，仅桑沟湾海洋牧场就接待游客近 20 万人。通过科技创新，荣成市走出一条"生态优先，一产二产互补，一产三产互融"的现代渔业可持续发

图 4-3-1　海洋生态牧场（刘高慧　摄）

展道路，引领着海水养殖业绿色发展。

2016 年，联合国粮农组织（FAO）和亚太水产养殖中心网（NACA）将该养殖模式作为亚太地区 12 个可持续集约水产养殖的典型成功案例之一向全世界进行了推广。

案例亮点

（1）该案例采用的多营养层次立体养殖模式效果显著，对全国乃至全球海洋养殖都具有很好的示范作用，具有全球推广价值。

（2）该案例走出了一条"一二三产业互融"的现代渔业可持续发展道路，利用科技创新引领海水养殖绿色发展。

（3）被国际社会认可，与国际社会紧密互动，加快现代渔业养殖模式的推广，有利于树立良好的国际形象。

适用范围

该模式可以在中国的其他沿海省份进行推广，并适用于全球沿海区域海洋水产养殖。

（史娜娜）

查干湖渔业资源开发中的可持续利用与实践

中国水域面积广阔，水生生物多样，渔业资源总量丰富。社会经济发展对渔业资源的需求量也在逐步加大，不合理的渔业资源开发造成了水生生物多样性下降。因此，实现渔业资源的可持续利用，是保护中国水生生物多样性和水生生态系统的有效方式，同时，对于实现区域生物多样性保护与减贫，促进人与自然和谐相处，具有重要意义。

案例描述

查干湖位于吉林省西部，地跨前郭尔罗斯蒙古族自治县、乾安县和白城市大安市，湖区水草丰茂，饵料资源丰富，有利于温水性鱼类的生存、生长和繁殖，现有经济鱼类有鲢、鳙、鲤、草鱼、青鱼、团头鲂及可自然繁殖的鲫、鲌、鲇、黄颡鱼、乌苏拟鲿、花䱂等。

作为蒙古族、满族、汉族、回族、朝鲜族、锡伯族等 19 个民族的文化交汇地，查干湖将独特的多民族传统文化融入当地生物多样性保护中。在渔业资源可持续利用上按照四个坚持：坚持传统的冬季冰雪渔猎生产方式，避免机械化捕捞；坚持用大网眼在冰下行网捕捞，保证渔业资源可再生；坚持休渔期禁捕，除冬捕时间外，几乎完全禁捕；坚持捕捞量小于投放量，有效实现渔业资源的可持续利用。

当地政府高度重视鱼类种质资源保护。与科研院所合作，开展水生生物资源的长期常规性监测与评估，提出资源合理利用、保护和增殖措施。通过鱼类资源调查，掌握鱼类多样性、优势类群及种群动态、栖息地质量。根据调查结果，实施分区管理，制订科学合理的增殖放流计划，扩大水生生物增殖放流水域、品种、数量和范围，恢复渔业资源。

坚持人放天养。查干湖渔业养殖过程中不投入任何饲料，通过生态系统的自然调节能力，保证湖区适度、适量养殖，避免水体富营养化。为了保障渔业资源的可持续利用，查干湖渔场自建苗种场，对各类经济鱼类进行繁育，保证渔业产品的可持续供给。

营造适宜的栖息环境。当地政府在辛甸泡、新庙泡、马营泡等鱼类集中分布的敞水区，种植、改造菹草、眼子菜、野菱角、芡实等鱼类可用于产卵、觅食的沉水植物。依据湖盆地形，在辛甸泡北部与南部挖掘水下沟渠，设置10台潜流泵提高局部流速，营造辛甸泡流水区。为了进一步打通鱼类洄游通道，改造、扩建马营泡至嫩江方向渠道，建设马营泡与嫩江过鱼设施2座。

制度保障。当地政府对重要渔业资源建立禁渔区和禁渔期制度、水产种质资源保护区等措施，制定捕捞配额制度、捕捞许可证制度等各项管理制度，规范捕捞行为。冬捕过程中采用6寸网眼，做到"抓大放小"，保证2 kg以上的大鱼才能入网。

目前，查干湖渔业资源逐年丰富，全年鲜鱼平均产量超过6 000 t，渔业总产值近1亿元，吸纳就业人口超过3 000人，成为国营渔场可持续经营的典范。

案例亮点

（1）该案例是一个坚持民间文化习俗，保护生物多样性和可持续利用生物资源的成功案例。

（2）充分尊重当地生物多样性文化，将传统捕捞方式、生物多样性保护和可持续经营相结合，实现区域生物多样性传统知识的保护、可持续利用以及减贫。

（3）政府的政策引导、科研单位的科技支撑对于区域生物多样性可持续利用具有重要的指导意义。

适用范围

国内外涉及水产种质资源开发利用的区域，特别是区域传统文化、生物多样性丰富度较高，对自然资源依赖较大的区域，本案例借鉴性较高。

（王琦）

"上田下渔"模式促进黄河三角洲盐碱地生物资源开发

黄河三角洲是中国三大三角洲之一,其生物资源丰富,开发利用程度较低,是最重要的后备资源。影响黄河三角洲生物资源可持续利用的最关键的因素是土壤盐渍化问题,加快黄河三角洲盐碱地生物资源的开发利用,必须探索出一条易推广、见效快、成本低的生物资源利用新路子,为黄河三角洲的可持续发展奠定基础。

案例描述

黄河三角洲在盐碱地生物资源开发中逐步摸索出了切实可行的"上田下渔"模式,该模式以渔为主、渔农结合,是一种融水产养殖、蓄水与发展高效农业种植为一体的立体农业开发模式(图4-5-1)。该模式有效解决了滨海盐碱地生物资源开发中的两大制约因素——土壤耕层含盐量高和淡水缺乏,同时克服了盐碱地的"旱、涝、盐"3个难题,实现了生物资源可持续开发利用,取得了显著的经济和社会效益,具有极大的推广价值。

"上田下渔"模式主要是在盐碱地上挖坑塘,筑台田,抬高耕种层,拉大与地下水的距离,从而避免地下水蒸发将盐分带到土壤表层。利用引水和降雨灌溉,降低台田中的盐分并使其随排水沟排走,达到永久性改碱效果。台田经改良培肥可种植粮、菜、树等,坑塘可进行淡水养殖;在台田另一侧开挖排碱沟,供台田和坑塘水库之间的盐分排出使用。利用"坑塘—台田—排碱沟",形成台田种植农作物、坑塘养殖水产品的"上田下渔"立体种养模式。

"上田下渔"模式实现了生物资源良性循环利用。台田农作物和青饲料可用作禽畜或鱼饲料,禽畜排泄物可作鱼饲料或还田分解成为农作物有机肥料,

图 4-5-1 "上田下渔"模式（夏江宝　摄）

台田中的废弃物又可增加鱼塘的有机物含量，使水生生物生物量显著增加。池塘中鱼、虾、蛙类吞吃害虫，塘泥可用作台田农作物的肥料。另外，池塘水体能调节空气温度、湿度，形成适宜作物生长的小气候，通过提升生态系统服务，减少农作物病虫害，节省化肥农药，降低残留污染物，并减少污染物在生物链中的富集，形成水陆多重良性生态循环。

为促进"上田下渔"立体种养农业模式良性发展，政府、企业和农户联合起来不断创新。

（1）不断引进新的种养品种。改良已有品种，在台面推广速生林、反季蔬菜、反季果品等高效作物；在池塘对虾养殖基础上，不断试验引进中华绒螯蟹、梭鱼、黄金鲫、泥鳅等容易养殖、效益高的品种。通过种植养殖品种的改良，不断增加产出效益。

（2）普及新技术。发展知识农业、科技高效农业，增加稀缺品种、高技术含量品种与当地适宜品种的种植和养殖面积，引进生物技术和以信息技术为代表的科学技术，发展信息化、智能化农业。

（3）大力培育龙头企业。大力培育木材加工、棉花加工、水产品流通及加工等龙头企业，延伸产业链，拓展市场空间，实现多次增值。

（4）开展适度规模经营。引导并鼓励农民成立合作社、协会等多种合作组织，转变经营方式，实现规模效益。

（5）探索新型产业。开发生态观光旅游等新型产业，提升增产增效空间。

"上田下渔"模式的综合开发实现了盐碱地生物资源可持续利用与地方经济协同发展。目前，在黄河三角洲高青县已推广沿黄低洼盐碱地"上田下渔"技术养殖面积 12 600 亩，每亩水面可产 1 250 kg 水产品，增收 6 800 元；每亩台田可产 1 000 kg 粮食，增收 1 200 元。

案例亮点

（1）"上田下渔"模式是黄河三角洲盐碱地生物资源保护和可持续利用的有效模式。该模式投资少、风险小、见效快、效益高，对发展黄河三角洲高效立体农业经济具有极高的推广价值。

（2）"上田下渔"模式有效提升了生态系统服务。"上田下渔"模式不仅成功改造了盐碱涝洼地，而且能够调蓄黄河水资源，提升了涵养水源功能。

（3）"上田下渔"模式实现了生物资源可持续利用和地区经济发展的双赢。通过科学配置，将自然资源转化为可创造价值的自然资本，提高了黄河三角洲盐碱地生物资源的可利用价值，对促进生态脆弱区经济发展与生物资源保护协同增效进行了有益的尝试。

（4）"上田下渔"模式实现了生物资源利用相关方的共同参与。同步实现了富民、富村、富财政，为黄河三角洲农业发展做出了积极贡献。

适用范围

适用于低洼盐碱地区生物资源的可持续利用；国内外与黄河三角洲具有类似盐碱地特征的地区，本案例借鉴性较高。

（史娜娜）

云南红河哈尼梯田"稻—鱼—鸭"模式互惠互利

地球上的土地资源非常有限，随着人口数量的增加，人类对粮食的需求的增长和粮食供给不足的矛盾日渐突出。农田生态系统具有供给功能，它不仅是粮食生产的源泉，还是农业和农村经济发展的基石。为了实现农田增产和利用效益的最大化，人们不断开拓农田的增收途径和利用渠道。在众多实践中，云南红河开创的哈尼梯田"稻—鱼—鸭"立体化利用模式无疑是一个成功典范。

案例描述

哈尼梯田位于云南省红河哈尼族彝族自治州南部，以元阳县为中心，涉元阳、红河、绿春、金平 4 个县，总梯田面积超过 100 万亩。哈尼梯田地处海拔 2 000 m 的高山上，山泉水缓缓流淌入层层梯田，梯田一年四季蓄水。2013 年，哈尼梯田被联合国教科文组织列为世界文化遗产。由于特殊的地形和传统耕作方式，哈尼梯田常年仅种植一茬水稻，产值效益极低，农户种植积极性不高。

元阳县政府因地制宜，在保护哈尼梯田稻作系统的前提下，开创"稻—鱼—鸭"种养结合农业模式。即按照水稻、鱼和鸭的生长特点和规律，在梯田里种植水稻的时候，按时间节点养鱼、养鸭。通过鱼、鸭的游动、采食和排泄等活动，可以抑制杂草生长，疏松土壤，增加有机肥，有利于水稻生长；水稻叶子、碎稻谷和田间小虫也可以作为鱼和鸭的食物，减少了饲料和饵料用量，使稻、鱼、鸭三者之间互惠互利。

（1）政策和资金支持，推广"稻—鱼—鸭"模式。对开发"稻—鱼—鸭"

综合种养项目的农业龙头企业、农民专业合作社等，县政府给予专项资金进行扶持；对连片 10 亩以上规范化养殖的农户，按每亩 600 元标准补助稻种、鱼鸭苗等物资；在产业扶持户资金中，优先安排 10% 的资金作为"稻—鱼—鸭"项目扶持资金，通过种苗补助，提高红谷收购价。

（2）水稻种植技术。选用"红稻 8 号、红阳 2、红阳 3 号"等抗病性强的优良稻种。采用旱育秧或湿润育秧培育壮秧。移栽前人工进行精细整田，三犁三耙，耕层深度 20 cm 以下。合理密植，单行条栽，亩栽 1.7 万丛，每丛 2 苗，基本苗 4 万～ 6 万苗。病虫害以生物防治和物理防治为主，实现产品优质。

（3）鱼养殖技术。选择生长速度快，适应能力强，耐浅水的杂食性鱼种。对田埂进行加固，加宽、加高田埂呈底宽 50 cm、顶宽 40 cm、高 50 cm 的梯形。开挖鱼沟和鱼函，在整田时进行，鱼沟宽 0.8 m、深 0.4 m，形式根据田块形状和大小而定；鱼函建在田角或田中央，直径为 4 ～ 5 m，深 0.8 ～ 1 m，开挖成圆形，沟函面积占稻田面积的 6% ～ 10%，鱼沟鱼函间要相连相通，并连通进排水口，进排水口处用竹网或铁丝网做防逃设施。4 月底至 5 月中旬，水稻返青后 7 ～ 10 天投放鱼苗，每亩投放 200 ～ 250 尾。

（4）鸭养殖技术。选择成活率高，适应能力强的本地鸭种。5 月中下旬，水稻返青分蘖时，每亩投放出壳 40 天的雏鸭 20 只，每天早上把鸭赶下田觅食，到晚上赶回鸭舍休息。鸭舍建在田边或田埂上，按 8 只鸭 /m² 建设鸭舍，鸭舍高度为 0.8 m，长为 2.5 m，宽为 1 m，舍底用木板或竹板平铺，鸭舍内高出地面，防止鸭子受潮。

2012 年，元阳县启动了 8 000 亩哈尼梯田"稻—鱼—鸭"种养示范区，项目实施 5 年后，农田亩产值由原来的不足 2 000 元提高到 1 万元左右，实现了亩产"百斤粮、百斤鱼、千枚蛋、万产值"的综合收益，不但增加了农业产业附加值，还实现了世界遗产保护和农民增收致富的双赢。

案例亮点

（1）遵循生态学原理，实现互惠互利。"稻—鱼—鸭"种养模式成功的根本在于依照生物学特性和食物链原理，利用稻、鱼、鸭所处的生态位不同，而且三者产生的排泄物和附属物可以互为食物来源，实现了"一水三用、一田多收"的综合效益。

（2）政府参与，加强引导和扶持。当地政府从资金和政策两个方面对实施"稻—田—鸭"种养模式的农户、经营主体进行补贴和支持，加强引导和扶持，助推该模式的推广应用。

（3）保护和利用相结合，达到双赢局面。"稻—鱼—鸭"种养模式在保护哈尼梯田的同时，大幅提高了农业产值和农民收入，促进了当地农业产业的发展，将保护和利用相结合，达到了双赢。

适用范围

国内外具有保护价值的农田生态系统可持续利用，其他农田生物资源的多元化经营和立体化利用也可参考本案例。

（韩煜）

第 5 章
特色生物资源

  特色生物资源是某一地区最典型、最具代表性的具有产业开发潜力的资源。这些地区地理区位特殊，民众生活并不富裕，常以采挖野生特色生物资源为生。因此，在将特色生物资源开发与农民脱贫致富相结合，利用规范种植、集约生产、一体经营的全产业链方式，加快培育区域特色产业，优化生物资源配置的同时做到地方经济发展与这些特色生物多样性保护与可持续利用的协同增效成为重要挑战。加强资源开发的科学研究投入，稳定产品优势，增强品牌效应，形成具有区域特色的生物资源可持续利用模式，证明是成功的双赢途径。本章的案例按照中国典型区域，分别介绍了不同特色生物资源的可持续利用途径和模式。

案例 5-1

青藏高原特色生物资源多途径利用

　　青藏高原作为特殊生境生物多样性热点地区，为人类提供有价值的野生、家养或栽培生物资源，对我们的衣食住行、医疗保健、经济发展、民族文化和国家生物安全均具有重要意义。在青藏高原的特色生物资源开发利用中，要多途径对资源进行有效保护和可持续利用。

案例描述

　　青藏高原是世界上最高的高原，也是国际生物多样性热点地区之一，生物资源极其丰富。青藏高原特色生物包括藏医药、浆果资源、高原农作物等，特色生物产业化是目前该区域发展的主要方向，既实现了生物资源的可持续经营，又提高了农民的收入，实现了生态效益和经济效益双赢。

　　(1) 藏医药产品标准升级。目前，青海省已经建成青藏高原生物资源高效利用技术集成创新平台，该平台主要攻关青海特色生物资源和中藏药产业发展中出现的技术薄弱、产品低端、成果转化渠道不通等问题。组分及单体化合物分离技术及规模处于行业领先地位，单体分离可达到千克级别，并筛选出高活性生物组分或单体成分 3 种，为青海省新药研发提供了技术和物资储备；同时制备出 10 个各类药材化学对照品，开发出 11 个可以满足食品生产许可 SC 要求的健康新产品。目前，已经建成的 1 条高原特色资源产品生产线，服务 13 家企业，转移转化 10 余项新产品及科技成果，为企业创造经济效益 1.86 亿元。该平台通过强化科技支撑服务水平，推动了青海特色生物资源开发利用和中藏药产业的快速发展。

　　(2) 高寒地区适沙中药材种植。菊芋 (*Helianthus tuberosus*)、牛蒡 (*Arctium lappa*)、珠芽蓼 (*Polygonum viviparum*) (图 5-1-1)、鹅绒委陵菜 (*Potentilla anserina*) 是适应在高寒沙区生长的植物中药材，在四川省红原县、青海省海

109

第 5 章　特色生物资源

晏县两地分别建立了高寒典型沙化地区的中藏药材种植示范基地，结合草、灌，形成了草—药—灌的经济型沙化治理模式，同时探索治沙中藏药品种的育苗扩繁技术，并形成了规范化的种植技术。在四川省红原县、青海省海晏县分别营建了 50 亩的菊芋、

图 5-1-1　珠芽蓼（周玉碧　摄）

牛蒡、珠芽蓼、鹅绒委陵菜示范基地，并与草、灌木开展组合配置，又分别在两地建立了示范基地 500 亩。

（3）柴达木浆果资源产业化。柴达木特色资源团队积极开发青海生态经济林浆果资源——白刺（图 5-1-2）、沙棘和枸杞，不断创新关键技术并开发出高技术产品。自 2000 年起，与相关企业开展合作，以产学研形式实现成果转化与产业化，每年将 4～5 项科技成果应用于生产，迄今已有 7 大类 60 余个产品实现规模化生产，培育出多个产业化龙头企业，形成了青藏高原特色生物资源高值化利用的技术群和产业链。截至 2012 年，成果产业化累计新增产值人民币 12.95 亿元，利税 3.89 亿元；农牧民增收 3.15 亿元，其中，10 万户 30 万名农牧民通过采摘浆果实现脱贫致富；推动了青海省 90 万亩沙棘、白刺和枸杞林天然林保护与人工林建设工程。利用产业链整合，将规模化、集约化作为手段，全面推动了海西特色生物资源的可持续利用。此外，2013 年，青海省首例枸杞太空育种实验

图 5-1-2　白刺（周玉碧　摄）

成功启动，实现青海枸杞育种新突破。

（4）高原农作物资源精深加工。推出"三二二一"精深加工项目，即年加工青稞 3 万 t、胡萝卜 2 万 t、枸杞 2 万 t、沙棘 1 万 t；推出一批市场信赖度高、品牌价值高的特色生物保健品、医药品、农产品和化妆品。通过自建和共建资源基地的方式，促进农户参与，预计可实现年产值 20 亿元，新增税收近 4 亿元，解决千人就业问题。

青藏高原特色生物资源开发与利用青海国家级高新区的主导产业，"青藏高原特色生物资源与中藏药创新型产业集群"入选国家第三批创新型产业集群试点，规上企业共计 41 家，汇聚了创新型、高新技术性和科技型等企业。截至 2017 年 11 月底，已实现产值 124.8 亿元，同比增长 26%。

案例亮点

（1）借助科技创新进行推广应用。科技创新是实现生物资源可持续利用的重要科技手段，对推动浆果资源、中医药资源和农作物资源的开发利用均具有重要引领作用，具有推广价值。

（2）引领农户参与，实现双赢。采用农户参与资源开发利用的方式，既能增加资源的供给量，又能保证资源的品质，还能增加农户收入，是实现生态脆弱地区生物资源可持续利用的重要途径。

（3）多途径综合利用。综合利用并深入挖掘青藏高原特色生物资源的多种用途，改变传统单一的利用方式，是提高资源利用效率，实现可持续经营的重要方式。

适用范围

适用于青藏高原地区开发和利用特色生物资源，包括青海、西藏、四川等地；其他开展特色生物资源开发的地区也可借鉴。

（史娜娜）

"花江模式"成为喀斯特地区生物资源综合利用的典型样板

中国是亚洲乃至世界喀斯特分布最广泛、类型最丰富的区域之一。喀斯特地域的基本特征是高原—峡谷结构,生态系统极度脆弱,生物资源相对贫乏。由于人类活动的干扰,导致自然植被受到严重破坏,植被覆盖度急剧下降,水土流失严重,土地生产力严重下降直至丧失,以致出现严重的石漠化,继而引发地区的生态退化、生物资源损失、贫穷等突出问题。因此,开展喀斯特地区生物资源综合利用,对区域生物多样性保护、经济发展均具有重要意义。

案例描述

关岭—贞丰花江示范区位于贵州省关岭自治县以南、贞丰县以北的北盘江花江河峡谷两岸。"乱石旮旯地,牛都进不去。春耕一大坡,秋收几小箩",这首打油诗形象地描绘了当地群众的生活状态。2000年,花江大峡谷喀斯特分布面积达89.79%,而强度石漠化区域高达22.76%,是贵州高原上典型的喀斯特峡谷区域,基本不具备农牧生产条件。贵州师范大学喀斯特研究院以人地矛盾系统协调为根本出发点,以流域为整体、以行政村为单元,以参与式农村社区发展为依托,采用治理与发展并重的策略,科学配置多项技术措施,形成以沼气为纽带、以林下种植和庭院养殖为链环结构的循环经济模式。在改善环境的同时,促进生物多样性恢复并产生经济效益,最终形成被同行认可的"花江模式"。2016年6月,"花江模式"亮相国家"十二五"科技创新成就展,其具体做法如下。

(1)石漠化治理与产业发展相结合。采用特色经济林种植、坡耕地综合整治、水利水保工程优化调度以及衍生产业等技术体系,建立了喀斯特高原峡谷中—强度石漠化产业规模经营综合治理模式与技术集成示范区。该类地区蓄水、治土，辅以特色经济林种植，捆绑、组装生物措施、工程、农艺、管理、产业等多项技术措施，因地制宜，科学配置，实现资源有效利用（图 5-2-1）。

图 5-2-1　喀斯特地貌（高晓奇　摄）

（2）建立农村循环经济产业发展模式。山上林地、灌木林地实施封禁，山腰的陡坡耕地和石旮旯地种植地方特色作物——顶坛花椒，山麓坡缓地实施林草配置；同时以自然村寨为单元，应用参与式社区发展的方法，培训农民的种植、养殖技术并提高其生态保护意识；采用泉点引水、高位蓄水池和农户屋顶集水，在农户房前屋后修建小水池或小水窖，通过水管与泉点或蓄水池相连，解决人畜饮水问题；发展沼气，解决农村能源短缺问题，形成以沼气为纽带、以经济林草种植和庭院养殖为主要链环结构的农业循环系统，解决了人地矛盾，实现了农村经济的可持续发展。

（3）进一步调整和优化生态结构和产业结构。逐步优化劳动力从业结构，调整生态结构，衍生出以花椒、火龙果、金银花、砂仁等为主的 19 个生态衍生产业新产品。

截至 2015 年 12 月，利用"花江模式"建立了 50 km² 的喀斯特高原峡谷中—强度石漠化产业规模经营综合开发模式与技术示范区，示范区植被覆盖率从 1996 年的 3% 提升到 47%；农民人均纯收入也从 1996 年的 650 元提高到 6 000 元，示范区取得了显著的生态、产业、惠及民生效益。该模式在关岭、贞丰、镇宁、紫云、册亨、望谟、安龙、兴仁、晴隆、普安、兴义、六枝、盘县、水城、长顺、罗甸、惠水、平塘等 37 个县市进行了工程化推广运用。

案例亮点

（1）提出了一套适合中国国情和贵州省情、适宜喀斯特环境特征的石漠化地区生物资源可持续利用模式，对中国石漠化地区生物资源开发具有重要的科技支撑与引领作用。

（2）花江模式为同类喀斯特环境石漠化资源利用与区域经济发展提供了治理模式、技术体系和示范样板。

（3）花江模式以解决人地矛盾为出发点，将石漠化治理与生物多样性保护和区域经济发展相结合，充分调动农户参与生物多样性保护的积极性和主动性，带来了良好的生态效益、社会效益和经济效益。

适用范围

花江模式可推广应用于以贵州高原为中心的中国南方 8 省份同类喀斯特地区生物资源可持续利用及区域经济发展。

（史娜娜）

热带雨林地区庭院药材种植实现文化与资源利用融合

　　热带雨林地区是全球稳定性最高的生态系统，生物多样性丰富。近年来，受到经济利益驱使，大规模的原始林地被砍伐种植橡胶林，生态系统稳定性遭到破坏，物种栖息地受到干扰，生物资源可持续利用能力降低。中国热带雨林地区往往也是少数民族分布区，传统少数民族文化对于生物资源保护和可持续利用有着重要的参考意义。在生物资源恢复和可持续利用当中，结合当地传统文化，可以有效地实施保护行动，也有利于当地传统生物资源的可持续利用。

案例描述

　　西双版纳曼远村位于云南省景洪市（图 5-3-1），依竜山建村寨，是傣族聚集区，当地经济以林业种植为主。曼远村傣族村寨文化保留相对完整，每到"掸竜节"，法师就会用竹子布置迷阵，从这一天开始，村民就不允许进山，竜山封山。这一传统文化，使当地自然生态系统得到保护，林木资源得到可持续利用。

　　几十年前，云南地区盛行种植橡胶林，受经济利益驱使，曼远村也开始种植这些外来经济作物，村内的大批原始林木遭到砍伐，特别是一些区域特有的高山植物，生物多样性受到严重威胁，原定的封山传统也受到了挑战。

　　2012 年开始，当地政府和村民开始意识到大规模的原始林地砍伐和橡胶林的种植，给当地生态系统带来了严重的负面影响，区域土地退化，生物多样性降低，橡胶林的经济价值也逐渐降低。这种以消耗自然资源为代价的经济增长方式已经不再适用。为了恢复昔日的圣山美景，当地政府联合企业提

图 5-3-1　景洪生态

供资金和技术支持，鼓励村民退胶还林。

　　将橡胶林重新恢复成热带雨林是非常艰难的，当地选择了铁刀木（*Cassia siamea*）等乡土树种，开始尝试逐步恢复林木资源。但是，由于农民生物多样性保护意识的差异，种植多年的橡胶林不是一朝一夕就能除去的，且需要大量的资金补偿给农民。为了解决这一难题，当地利用傣族"掸竜节"传统文化，结合当地封山传统，提出保护"自然圣境森林"，将竜山作为当地重点保护区域，先后种植了 3 000 余株铁刀木等乡土植物。同时，政府制定了《勐罕镇古树名树及风景林木保护管理办法》，对曼远村竜山古树名木进行定位登记，禁止砍伐倒卖。

　　为了给当地橡胶林种植户寻找替代生计，政府联合当地企业在曼远村选择了 4 户庭院种植示范户，鼓励示范户种植香茅（*Cymbopogon citratus*）、板蓝（*Baphicacanthus cusia*）、紫姜（*Zingiber officinale*）等药用和经济植物，并提供种苗共计 80 种 1 600 多株，最终这些经济作物产生的全部收益归示范户所有。庭院种植的药用和经济植物取得了可观的经济收益，带动了当地更多的村民参与到庭院植物种植中。当地村民开始逐渐放弃橡胶林的种植，回归到傣族传统种植方式，曼远村庭院植物多样性也得到了提升，传统药用和经济植物得到恢复和保存。

村里的寺庙庭院原来种满了橡胶树，当地将其重新改造成为药园，种植傣族传统药用植物，现已种植药材 62 种 2 000 余株，促进了傣族当地传统药材资源的可持续利用。

案例亮点

（1）结合傣族传统文化，保护"自然圣境森林"，避免了林木资源恢复中可能存在的社区矛盾，有效实施保护行动，提高了林木资源恢复地区的生态系统服务功能。

（2）寻找替代生计，通过庭院种植当地传统药用和经济作物，有效保存当地生物资源，促进了当地传统生物资源的可持续利用。

（3）政府的政策引导、企业的资金和技术支持，是决定社区生物资源保护和可持续利用成效的关键，社区居民通过替代生计获得了可观的经济收益，实现了生物资源可持续利用与减贫的双赢。

适用范围

国内外当地生活和经济收入依赖重要资源动植物地区，国内外依赖砍伐原始森林分布区，种植经济作物地区，本案例借鉴性较高。

（王琦）

金沙江干热河谷生物资源重建模式新突破

　　金沙江干热河谷干旱缺水，土壤退化严重，植被稀疏。近年来，人类陡坡开荒、乱砍滥伐等活动进一步加剧了地区生物资源的退化，部分地区植被覆盖率已不到 5%。区域自然条件的特殊性导致生物多样性恢复难度极大。如何有效实现金沙江干热河谷生物资源重建，实现生物资源可持续利用，避免区域生态系统继续退化，是区域亟待解决的问题。

案例描述

　　金沙江流域是中国西南地区极为典型的生态脆弱带，地形抬升和河谷深切改变了自然地带性分布格局，极端的水热状况形成了自然现象特异化的干热河谷（图 5-4-1），云南省楚雄彝族自治州元谋县是金沙江流域干热河谷的典型代表，区内光热资源丰富，日照率达到 62%，年降雨量 630 mm，年蒸发量是降雨量的 6.3 倍。由于区域降雨量不足，且坡地较多，区域植被覆盖率很低，水土流失严重，生态系统极度退化，生物多样性降低。

　　2000 年开始，为了重建区域植被资源，提高区域生态系统服务功能，元谋县政府邀请中国林科院资源昆虫研究所、云南省农科院热区生态农业研究所为技术单位，筛选适宜当地造林的物种，对元谋县生物资源进行恢复。

　　技术单位选择了 40 个引进和乡土物种，采用营养袋苗进行浇水处理，连续 3 年观测每种物种保水力、相对含水量、蒸腾速率、植物水势等相关抗旱性指标，最终筛选出深根、耐贫瘠、耐干旱、速生萌发强、可长期生长的乔灌草品种，包括酸豆树（*Tamarindus indica*）、木棉（*Bombax malabaricum*）、滇刺枣（*Ziziphus mauritiana*）、金合欢（*Acacia farnesiana*）、山合欢（*Albizia kalkora*）、余甘子（*Phyllanthus emblica*）、黄茅（*Heteropogon contortus*）、香茅（*Cymbopogon citratus*）等。

图 5-4-1 金沙江干热河谷（高晓奇 摄）

　　考虑到农耕户经济收益问题，为了充分利用干热河谷地区的光热资源和土地资源，当地政府根据区域地形和土壤差异，制定了 3 种生物资源重建模式。

　　（1）利用地区平坡或者缓坡地，在土壤厚度大于 40 cm 地区营造热带经济林果，选择品种包括金丝小枣、葡萄（*Vitis vinifera*）、芒果、龙眼（*Dimocarpus longan*）、咖啡等。

　　（2）在 15°～ 25° 坡度，土层厚度小于 40 cm 地区营造生态防护林，采用抗旱、抗贫瘠的乡土物种，利用乔灌木混交模式，尽快覆盖土层裸露地区，最大限度减少水土流失，同时，在林下有条件的地区套种花生（*Arachis hypogaea*）、豆类、药材等经济作物，实现以农促抚的林农经营模式。

　　（3）在农地面积减少，经济条件较好，水资源开发较快的地区发展乔草套种，如板栗（*Castanea mollissima*）—黑麦草（*Lolium perenne*）套种、黄檀（*Dalbergia hupeana*）、辣木（*Moringa oleifera*）—黑麦草套种、龙眼—香叶天竺葵（*Pelargonium graveolens*）套种等，以林下牧草资源养护乔木物种。

通过整地改土、蓄水保墒、集约用水等技术，提高生物资源恢复区土壤表层 60 cm 以内土壤含水量；采用地面覆盖技术，减少植物水分蒸发；适当放宽植物种植密度，减少植株之间互相争夺水分，通过一系列的技术改造，元谋县已经形成了一整套生物资源重建配套技术。

政府在造林初期采取封育措施，配合乔灌草补植，促进区域生物资源的自然修复以及更新；在恢复过程中，采用半封、轮封、封造结合的方式，实现区域乔灌草生长演替，确保生物资源可持续利用。

通过生物资源重建，元谋县干热河谷地区的林种逐步丰富，形成乔灌草稳定的生态系统结构，区域生物多样性大大增加，土壤形成与保护价值迅速增加，当地葡萄和枣类年收入突破 7 000 万元，居民收入显著提升。

案例亮点

（1）根据当地自然条件筛选适宜的生物资源重建技术，是保证区域生物多样性恢复成效的关键。

（2）将生物资源重建和当地社区经济发展相结合，以农促抚，既能保证生物资源的可持续利用，也能为当地居民寻找到新的替代生计。

（3）实行混交、套种技术，采用立体种植模式，既可以形成多样稳定的种植结构，也可以利用有限的生物资源发挥最大的经济效益，实现生物多样性价值和经济价值的双赢。

适用范围

适用于国内外自然条件特殊，物种不宜生长，生物多样性较低，需要将生物资源重建与当地经济发展相结合的区域。

（王琦）

案例 5-5

"库布其模式"让甘草开出沙漠之花

　　荒漠化是一个全球性的难题。目前，中国的荒漠化面积已达到 263 万 km²，近 1/3 的人口生活在受沙化土地影响的区域。长期的气候变迁和人为因素的干扰，使沙化面积逐年扩大，侵蚀着人们的生存空间，形成了"沙进人退"的生活方式，土地沙化越来越严重，适宜在沙化地生长的甘草资源越来越少。

　　在长期的沙漠生物资源开发利用过程中，政府和企业不断探索可持续经营方式，开拓生物资源利用市场，如何以最少的资源消耗和生态损害带动社区进步，创造绿色可持续发展，便成为沙漠生物资源利用的新模式。

案例描述

　　甘草（*Glycyrrhiza uralensis*）在干旱半干旱地区表现出较高的适应性，对维护中国西部荒漠、半荒漠草原地区的水土保持、防风固沙、调节气候等生态环境保护方面起到重要作用。此外，甘草是一种重要的传统中药材，甘草资源保护性利用对农牧民增收致富及资源可持续利用均具有重要的现实意义。库布其沙漠是中国第七大沙漠，在河套平原黄河"几"字弯里的黄河南岸，总面积约 1.39 万 km²，流动沙丘约占 61%。库布其沙漠采用甘草产业化模式，既治理了沙漠，又发展了甘草产业，实现资源可持续利用。

　　（1）种植沙生植物提高防风固沙功能。在库布其沙漠四周种植"锁边林"，阻止沙丘移动，再通过逐年加宽锁边林带，向沙漠腹部渗透，即"锁住四周，渗透腹部"；修筑横纵穿越库布其沙漠的"穿沙公路"，将沙漠化整为零，实现"以路划区，分而治之"，提高了防风固沙功能；在防沙护路林中，采用复合间种方式，在林间种植甘草等沙生经济作物，以草固沙，以林护路，形成"复合生态，产业拉动"的局面（图 5-5-1）。

　　（2）人工种植甘草。采取"公司 + 农户""企业 + 基地"的联盟发展方式，

图 5-5-1　库布其沙漠治理（林龙圳　摄）

利用"甘草固氮治沙改土"技术,让甘草横着长,使 1 棵甘草治沙的面积由 0.1 m² 扩大到 1 m²,把大面积沙漠变成有机土壤。库布其沙漠腹地的亿利阿木古龙甘草产业示范园里种植着 5 万亩甘草,构建了甘草等中草药产业链,形成集中连片种植规模,保证了医药等产业有稳定的原料供应,有效减少了市场对天然甘草依赖性需求。

（3）发展沙漠甘草产业和旅游产业。以库布其沙漠中的中草药基地为依托,加工甘草中间体和其他中药,每年定点生产 10 亿片甘草片和其他大量中蒙药。2006 年,以甘草为主的中药企业直接收入已超过 5 亿元,拉动医药产品销售额近 20 亿元。此外,自 2003 年以来,打造的以沙漠七星湖为主要景区的"库布其沙漠公园",形成了以特色沙漠风情为主的旅游产业化工程,不仅使沙漠产业链向纵深延伸,也为企业和农牧民带来了可观的旅游收入。目前,生物多样性得到了明显恢复,出现了天鹅、野兔、胡杨等 100 多种绝迹多年的野生动植物,2013 年沙漠来了七八十只灰鹤,2014 年又出现了成群的红顶鹤。

库布其甘草产业资源化是企业创新性参与的结果,是鼓励企业参与生物多样性保护的典范,将生物多样性与资源利用相结合,是库布其沙漠生物资源可持续利用模式的又一亮点。

案例亮点

（1）以甘草为主的中药产业和库布其沙漠七星湖沙漠旅游产业，是生物多样性保护与甘草资源可持续利用的典型模式，是具有重要推广价值的"库布其模式"。

（2）该案例是践行"政府政策性支持、企业产业化投资、贫困户市场化参与、生态持续改善"的甘草资源产业扶贫机制的典型案例。

（3）企业参与是实现生物资源可持续利用的重要途径，提供了资金、技术等支持，带动企业和农民提高收入，实现资源利用与经济效益双赢。

（4）政策的引导不仅调动了多元力量的参与，市场为杠杆的全民行动，也有利于资源的可持续利用。

适用范围

该案例适用于在中国沙漠地区提高防风固沙功能和生物资源可持续利用，个人和企业参与沙漠生物资源可持续开发与利用也可借鉴该案例。

（史娜娜）

戈壁日光温室——戈壁荒滩生物资源开发的典范

在中国西北干旱地区，当地农民对土地资源的占有、水资源的利用、矿产资源的开发等导致区域沙漠化，生物多样性降低。由于自然条件的限制，同时缺乏新技术和资金的支持，当地农民即使知道现有的生产经营活动将持续增加生物资源利用压力，也无力改变现状。如何帮助干旱区农民减轻对生物资源的利用压力，同时保证农民经济收益，是很多干旱区实现生物多样性保护和可持续利用需要思考与解决的问题。

案例描述

酒泉市位于中国甘肃省河西走廊中部，是典型的戈壁绿洲地区，由于区域水资源量较少，耕地和绿地资源不足，区内戈壁荒滩等未利用地面积占全市土地总面积的 60% 以上，不当的人为活动很容易对当地生态系统造成影响。

酒泉地区年日照 2 300 h 以上，祁连山天然屏障为酒泉创造了天然隔离条件，为了充分利用戈壁荒滩资源，改善当地农民的生产经营活动，减轻对自然资源的压力，当地政府在酒泉的戈壁荒滩上建设了 4 860 亩的总寨戈壁农业产业园区，1 304 座高标准日光温室，在人工设施内提升农业生物多样性，打造绿色农产品。

戈壁荒滩地区发展农业，土源和水源是两大难题。当地政府聘请中国农科院、西北农林科技大学等技术团队，形成专家智库，对戈壁栽培基质进行试验筛选，形成了有机无土栽培、穴盘基质育苗等技术；农业灌溉采用祁连山雪山融水，采用节水滴灌、水肥一体化灌溉等技术，用水量约为普通农田灌溉用水量的 1/4，成功解决了戈壁滩上缺土、缺水的问题。技术成熟后，政府又组织技术推广小组在当地进行种植培训，引领农民掌握戈壁生态农业生产技术（图5-6-1）。

图5-6-1　戈壁荒滩景象（高晓奇　摄）

虽然酒泉不适宜传统农业种植，但是当地戈壁滩上沙子、石头多，是温室建造的原材料，加上戈壁滩每天长达14 h的充足光照，当地村民在温室内种植了西红柿、生菜、辣椒、火龙果、百香果、人参果等蔬菜水果和特色中药材。由于光照充足，温室内的经济作物一年可以收获多次，因此经济效益显著。

为了充分利用戈壁滩上有限的生物资源，酒泉建设了"秸秆银行"。当地村民将种植的果蔬废弃物，如番茄秧、小麦、玉米等的秸秆送到秸秆回收点，存进"秸秆银行"，同时根据存进"银行"的秸秆数量领取相应的基质。政府将回收的秸秆重新制作成果蔬生长用的基质材料，再返给农民。农业有机废弃物的综合利用和返田，形成了"资源—产品—废弃物—资源"的循环农业产业链，减少了对自然资源的使用压力。

通过生态系统服务价值评估，近年来酒泉未利用地面积大幅度减少，耕地、林地面积增加，气候调节、土壤保持、废物处理、食物生产等生态系统服务价值均逐年增加，生物多样性效益显著。戈壁上的农户月收入过万元，总寨镇也成为全国最大的戈壁农业生产示范县、戈壁日光温室基地和有机生态无土栽培示范区。

案例亮点

（1）日光温室基地充分利用了戈壁荒滩上的生物资源，吸引了大量的剩余劳动力，具有良好的经济效益，避免了当地农民开展破坏资源的生产经营活动。

（2）日光温室基地充分利用当地生物资源，温室大棚一年可以收获多次，具有反季节生产特点，帮助农民增加了收入。

（3）依托"秸秆银行"的"资源—产品—废弃物—资源"的循环农业产业链，有效减轻了对当地生物资源的压力。

（4）政府的扶持和当地科研机构的技术引导，是当地日光温室基地成功实施的重要保障，实现了生物资源可持续利用、农民增收和增加社会就业的多重效益。

适用范围

国内外自然条件恶劣、生产方式落后、生产生计依赖生物资源的地区；适合发展日光温室的地区；寻找替代生计以减缓对生物资源的压力，实现农民脱贫致富和生物多样性保护的地区，本案例借鉴性较高。

（王琦）

中国生物多样资源可持续利用成功经验

滇西北特色药用植物替代种植技术

在中国许多地区，不合理的中草药资源采挖已经成为当地野生药用植物资源丧失的主要原因之一；而且在这些地区中草药资源售卖也是当地村民的重要经济收入来源。简单粗暴地禁止采挖，会对当地村民的经济收入造成较大的影响，也会加重当地野生资源盗采的现象，不利于生物多样性的保护和可持续利用。如何在不降低村民收入的情况下，提升村民生物多样性保护意识，实现对野生资源的保护和可持续利用，是很多存在这类问题的地区需要思考和解决的问题。

案例描述

重楼是多年生草本植物，共有 24 个品种，其中药用品种有 2 个，其中之一即为滇重楼（*Typhonium giganteum*）。滇重楼（图 5-7-1），别名独角莲，是中国滇西北的特色药用植物，它具有清热解毒、消肿止痛、凉肝定惊之功效，是云南白药、热毒清、抗病毒颗粒等药品的主要有效成分，市场需求量极大。野生滇重楼自然生长缓慢，由于野外过度采挖，现有的野生资源已经日益枯竭。为了保护滇重楼野生资源，实现药用植物的可持续利用，当

图 5-7-1 滇重楼（刘高慧 摄）

地政府联合企业、科研院所制定了一系列解决方案。

研究人员在丽江高山植物园珍稀濒危植物资源收集圃内对滇重楼野生资源进行迁地保护和人工繁育，并选择白马雪山玉龙县建立药用植物试点观测站。研究人员发现，玉龙县村民种植的中草药资源中，有滇重楼和毛重楼（*Paris pubescens*），由于毛重楼长势较快，容易管理，因此，种植地块内数量多，但是，毛重楼的药用价值和市场价值均较低，对农村经济效益提升帮助较小，种苗的扩散占据了更大的土地空间，不利于滇重楼的恢复。对此，丽江高山植物园将繁育成功的滇重楼和村民交换毛重楼，免费提供滇重楼种苗给玉龙县的村民种植。收回的毛重楼，研究人员将其撒回山里，放归自然。

为了更好地指导村民种植滇重楼，丽江高山植物园的研究人员多次前往种植合作社和当地种植企业进行技术指导，对滇重楼庭院种植繁育技术进行现场培训，并持续向村民提供滇重楼种苗 3 万株。种植成功的滇重楼，一部分供村民和企业进行市场交易，获得经济收益；另一部分进入丽江高山植物园保存活体母本，开展进一步的种苗繁育研究；还有一部分组织村民分批种回林下，放归自然。

利用丽江高山植物园珍稀濒危植物资源收集圃和白马雪山玉龙县药用植物试点观测站，当地政府和研究人员多次组织区域公众科考、自然教育、参观游览、种植回归培训和演示等公益活动，提高公众对珍稀濒危中草药的认识，并及时将繁育技术成果向公众普及，推动技术成果转化，促进珍稀濒危中草药资源的可持续利用。

案例亮点

（1）以滇重楼代替毛重楼，既保护了滇重楼野生资源，实现了滇重楼的可持续利用，又为村民增加了经济收入，让村民自觉参与到滇重楼的繁育工作中。

（2）鼓励村民将滇重楼人工繁育后放归自然，保证了滇重楼野生资源繁衍生息，体现了当地顺应自然、保护自然的理念，是当地村民与自然和谐相处的结果。

（3）该案例为政府、企业和科研机构共同参与珍稀濒危物种的保护，提供了一个成功的参考模式。

国内外为了保护野生生物资源需要采取迁地保护的地区；为了减轻自然资源和生物多样性面临的压力需要采取替代生计的地区；致力于地区经济发展和生物多样性可持续利用双赢的地区，本案例可借鉴性较高。

（王琦）

西藏地区驯化珍稀濒危藏药资源

　　青藏高原是中国生物多样性最丰富的地区之一，被誉为中国"生物多样性基因库"，独特的自然条件孕育了丰富的藏药资源，据《中国藏药大全》确定的藏药材数量为 1 829 种。但是，藏药贸易的发展以及藏药材带来的丰厚回报，使一些名贵的药材资源面临着过度采挖造成的资源枯竭危机，因此，当地政府不得不制定相关条例禁止采挖、销售藏药材。单纯地禁止采挖也不能遏制藏药资源的损耗，如何在保证当地农民收入的情况下，保护当地生物多样性，实现藏药资源的可持续利用，是这些存在药材资源枯竭问题的区域面临的重要挑战。

案例描述

　　中国西藏自治区特殊的气候条件孕育了丰富的野生藏药资源，特别是一些丰富珍稀特有植物，其遗传资源和经济价值都是世界上独一无二的。随着人们对藏药材的功效的认知，藏药材市场需要量急剧扩大，藏药产业成为西藏自治区六大经济支柱产业之一。在经济利益的驱使下，农牧民对藏药进行了掠夺式采挖，致使部分藏药资源处于枯竭状态，也对当地的自然生态系统造成了破坏。为了对地方生物多样性进行保护，实现藏药资源的可持续利用，西藏自治区政府开始尝试对野生藏药进行人工驯化，他们的做法包括：

　　自治区政府组织藏区藏药专家、植物学家和医药企业对藏区濒危藏药材进行普查，通过建设藏药材标本馆对采集的 118 份重点药材、87 份特色药材、98 份珍稀濒危药材种子进行保存，以降低这些濒危物种灭绝风险。

　　为了实现濒危藏药资源的可持续利用，从 2005 年开始，西藏自治区政府开始组织实施濒危藏药材的人工种植技术研究。以西藏自治区藏医院为代表的科研技术单位，在拉萨市郊区达孜区白定村藏药种植基地开展 78 种濒危藏药材人工种植技术研究。对野外濒危藏药资源、市场需求量大的藏药资源的筛选，如冬虫夏草（*Stachys geobombycis*）、红景天、黄精（*Polygonatum sibiricum*）、西藏龙胆（*Gentiana tibetica*）等，通过种苗培育、品种选育、人工种植、活体种植保存等措施，成功驯化了一批濒危藏药资源。目前，以绿绒蒿为代表的30余种珍稀濒危藏药材已经人工种植成功。

为了进一步缓解对濒危野生藏药资源的过度采挖，西藏自治区政府积极探索寻找新的药材资源作为濒危藏药资源的替代品。如白定村藏药种植基地人工种植的毛果婆婆已经可以替代野生资源；西藏高原生物研究所组培的西藏龙胆中的龙胆苦苷含量高于野生种的含量，可以避免对野生资源的采挖。

通过藏药资源的人工驯化研究，目前西藏自治区部分濒危藏药资源已经得到有效保护和可持续利用，当地生态系统得到恢复，农牧民的收入也得到了提升。

案例亮点

（1）政府的正确引导和技术扶持，对于藏药资源的生物多样性保护和可持续利用效果远比单纯的禁止要好得多。

（2）建立珍稀濒危药材标本库、人工驯化种植利用藏药资源，可以有效降低濒危物种灭绝风险，减少野生藏药资源的过度采挖，同时实现生物多样性保护和地区经济发展的双赢。

（3）政府的政策支撑、科研机构的技术研发、企业的资金支持对于区域生物多样性保护具有重要意义，是决定区域生物多样性可持续利用成功与否的必要条件。

适用范围

国内外野生经济资源丰富，且存在野生资源枯竭风险的地区；需要采取生物多样性保护替代措施，达到生物多样性可持续利用和经济发展双赢的地区，本案例可借鉴性较高。

（王琦）

"潘德巴"计划实现藏区生物资源可持续利用

西藏自治区超过 40% 的地区都是保护区，由于区域自然条件恶劣，当地的生物多样性保护和管理全部依赖于当地牧民。但是，由于藏区特有的珍稀濒危物种和农牧业种质资源带来的经济效益，不合理的生物资源利用现象在藏区较为常见，偷盗野生动植物、过度采挖等行为为藏区生物多样性保护和可持续利用带来了挑战，如何在保护生物多样性的同时，实现藏区经济发展，解决人与自然的矛盾，成为西藏地区持续探索的问题。

案例描述

为了鼓励当地牧民停止猎杀野生动物、砍伐森林，参与到生物多样性保护管理当中，西藏当地科研院所和生物多样性保护机构推行了"潘德巴"计划，"潘德巴"在藏语中的意识是"乡村福利员""为人民谋福利的人"。管理部门和科研单位在牧民中选取受人们喜爱，乐于为藏区奉献的藏民作为"潘德巴"培养计划中的人员，学习畜牧养殖、家庭菜园、非木材产品利用等生物多样性保护和可持续利用知识，同时也对语言、卫生、相关职业技能进行培训，使他们有效地参与到藏区生物多样性保护和可持续利用中来。由于"潘德巴"都是当地牧民，他们对于藏区自然和人文状况最为熟悉，可以根据藏区实际情况，结合所学的生物多样性相关知识，为藏区带来更为有效的生物资源保护和可持续利用方案。

高原的羊圈都是采挖高原湿地草皮、泥块搭建的，且每年都需要翻修，对藏区的草地生态系统和湿地生态系统造成了巨大的伤害，高原湿地和植被一旦破坏将难以恢复。为了避免对高原湿地和草场造成破坏，"潘德巴"带领牧民利用石头搭建羊圈，藏区内湿地和草地得到了保护，生态系统得到恢复，生态系统服务功能得到改善，增加了高原地区生态系统的可持续利用能力。

藏区牧民由于语言不通，除了依赖当地生物资源维持生计之外，很难发展其他产业。"潘德巴"组织牧民学习汉语、英语，对他们进行厨艺、向导培训，带领藏区居民建设家庭旅馆网络，增加牧民收入。依靠藏区旅游获得的收益，"潘德巴"又带领藏区居民用牛车和卡车到珠穆朗玛峰南坡大本营收集垃圾，保护珠穆朗玛峰自然生态系统和物种栖息地，实现藏区经济、生物多样性可持续发展。

为了彻底改变藏区砍伐森林的现象，"潘德巴"带领藏民建设苗圃，对藏区特有的苗林种质资源进行保存，同时为藏区各项林业工程提供了优质的苗木资源。因为苗圃的建设，嘎玛沟中古老的杉树林得到很好的保存，牧民不再对其滥伐；脆弱山地的桧木林这类世界顶级古老树种也得到有效保护。

在"潘德巴"的带领下，藏区生物多样性持续提升，生态系统多样性得到有效恢复，森林砍伐率下降80%，当地新种植苗木超过50万棵。因为生态环境的改善，藏区野生动植物种数自20世纪80年代以来一直保持稳定，雪豹（*Panthera uncia*）、藏野驴（*Equus kiang*）、藏原羚（*Procapra picticaudata*）等濒危近危野生动物种群数量有所增加，部分珍稀濒危野生植物避免了过度采挖造成的资源灭绝。藏区居民教育、经济收入、设施建设等方面得到极大改善，生物多样性保护意识增强，真正实现了藏区生物资源保护与可持续发展（图5-9-1）。

案例亮点

（1）改变藏区居民对生物资源依赖最为有效的途径就是采用替代生计。掌握替代生计技术的牧民不再过度使用生物资源，部分珍稀濒危动植物也因为替代生计得以保护。

（2）"潘德巴"是现代生物多样性保护和可持续利用技术与当地传统文化沟通结合的桥梁。通过"潘德巴"，针对地方生物资源压力，每个地区都能找到适合当地、发挥地方优势的实用生物资源保护和可持续利用技术。

（3）旅游产业一方面增加了当地牧民的收入，另一方面为生物多样性保护提供了充足的资金，实现了生物多样性保护资金来源的可持续性。

图 5-9-1　藏东南生态系统（高晓奇　摄）

适用范围

　　国内外野生经济资源丰富，且存在野生资源枯竭风险的地区；需要采取生物多样性保护替代措施，达到生物多样性可持续利用和经济发展双赢的地区，本案例可借鉴性较高。

（王琦）

武夷山生物资源可持续利用新模式

　　人类活动干扰是生物资源损失的主要原因，而建立禁止开发区可有效保护生物多样性，保存多样性的生物资源。但是，禁止开发区内的原住民生计将受到影响。只有正确处理社区生物多样性保护和当地居民生活的关系，才能保护好社区生物资源。如何在这类地区合理利用当地生物资源，在保护生物多样性的同时，增加社区居民收入，是需要思考和解决的重要问题。

案例描述

　　武夷山热带森林是世界上同纬度保存面积最大、最完整的中亚热带森林生态系统，区内生物多样性极为丰富，是世界公认的"生物之窗"。20 世纪50 年代，武夷山因为木材的生产受到大规模的机械化砍伐。为了保护森林生态系统及其特有的生物资源，80 年代初期，武夷山正式成立自然保护区，森林生物资源受到有效保护。

　　社区居民因为保护区的设立，不可以再利用武夷山的生物资源，社区的经济发展和居民生活都受到了很大的影响，导致社区偷猎和盗伐现象一度极为猖獗，保护区管理局和社区居民处于对抗状态，偷猎和盗伐现象防不胜防，愈演愈烈，部分地区生物资源受损严重。为了实现生物资源保护，解决社区居民生存问题，缓解生物资源利用的矛盾，保护区管理局探索出了武夷山社区生物资源可持续利用的新模式。

　　保护区扶持毛竹、茶叶的种植，鼓励社区居民开展蜜蜂养殖。管理局在保护区外围试验区建立了千亩毛竹示范基地，对当地农民进行毛竹种植培训，并为农民打通竹材运输渠道，农村通过毛竹种植获得了收入来源。

　　武夷山正山小种红茶当时正处于消失的边缘，为了保护和发展当地传统资源，保护区管理局依托科研机构研究发现，保护区内桐木村正是正山小种红茶的起源地。这项研究成果使得桐木村原本抛荒的茶园迅速得到恢复，"金骏眉"等精品正山小种红茶得到种植开发，正山小种红茶资源得到保护和延续。优质红茶市场价格从十几元提高到上百元甚至上千元，农民种茶热情得到激发（图5-10-1）。

图 5-10-1 茶山（孟凡聪 摄）

蜜蜂养殖需要良好的生态环境。为了养好蜜蜂，当地居民开始自觉保护武夷山生物资源，尤其是蜜源植物生长的山林。盗伐、偷猎现象也得到遏制。由于武夷山生态环境优越，本地蜂蜜的价格明显高于区外的蜂蜜产品。为了创造更为优越的养殖环境，村民更加积极地投入当地生物多样性保护中。

大量的毛竹、红茶、蜂蜜资源的利用减轻了武夷山其他生物资源的利用强度，武夷山原本受到盗伐、偷猎的生物资源得以休养生息，生态系统实现自然恢复。保护区管理局探索用10%的面积发展特色生物资源，换取了90%面积的生物多样性保护，武夷山自然保护区内森林覆盖率提高了4.2%，林木蓄积量增长了22.4%，农民收入不断增加，实现了生物资源保护和可持续利用的双赢。

案例亮点

（1）在以生物多样性保护为主要目标的社区发展中，单纯的"禁止""禁用"等措施往往不能取得很好的效果，需要积极探索可持续利用路径。

（2）替代生计是实现生物资源可持续利用的有效途径，掌握技术的农民脱贫致富不再以破坏自然资源为代价。

（3）通过毛竹、红茶种植，蜜蜂养殖，既保证了当地毛竹、红茶、蜜蜂种群的可持续发展，也减轻了其他生物资源的利用压力，破坏生物多样性的现象得到了遏制，实现了生物多样性保护与可持续利用与经济效益发展的双赢。

（4）优质的生物资源产品带来可观的经济效益，提高了社区居民生物多样性保护意识，有利于社区可持续发展。

（5）政府在替代生计推广过程中扮演着重要角色，政府政策引导、技术扶持是可持续利用生物资源替代成功的关键。

适用范围

国内外经济发展严重依赖自然资源，尤其是生物多样资源的偏远农牧地区、自然保护区等，生物多样性保护和地区经济发展存在严重矛盾的农牧地区，都可借鉴本案例。

（王琦）

参考文献

[1] 安嘉然, 臧金娇, 刘金福. 三亚地区红树林湿地及其栖息地的发展变化现状与对策 [J]. 武夷科学, 2013,29:30-37.

[2] 包淑珍. 高原地区油菜高产栽培技术探讨 [J]. 农家参谋, 2019(21):46.

[3] 曾艳, 周桔. 加强我国战略生物资源有效保护与可持续利用 [J]. 中国科学院院刊, 2019,34(12):1345-1350.

[4] 陈训, 巫华美. 贵州喀斯特地区生物多样性保护及其生态重建意义 [A]. 中国植物学会. 中国植物学会七十周年年会论文摘要汇编（1933—2003）[C]. 北京: 中国植物学会, 2003:2.

[5] 陈宜瑜. "战略生物资源的保护与利用" 专题序言 [J]. 中国科学院院刊, 2019,34(12):1343-1344.

[6] 陈永毕, 兰安军. 喀斯特干热河谷石漠化综合治理模式与技术支撑体系——以贵州省花江示范区为例 [A]. 贵州省地理学会（Guizhou Geography Society）、贵州省地理教学研究会 (Guizhou Geography Teaching and Learning Research Society). 现代地理科学与贵州社会经济 [C]. 贵州省科学技术协会, 2009:6.

[7] 程梦倩. 三亚市红树林生态修复方法研究 [J]. 江西农业, 2018(22):82.

[8] 楚永兴, 李帆, 欧阳志勤. 华盖木扦插育苗技术 [J]. 林业调查规划, 2012,37(1):128-130.

[9] 房景辉, 蒋增杰, 蔺凡, 等. 桑沟湾海带标准化养殖模式的优势探析 [J]. 渔业科学进展, 2020,41(5):134-140.

[10] 冯光海. 野大豆在黄河三角洲的现状及保护措施 [J]. 中国林业, 2007(6):39.

[11] 傅明珠, 蒲新明, 王宗灵, 等. 桑沟湾养殖生态系统健康综合评价 [J]. 生态学报, 2013,33(1):238-248.

[12] 郭芳芳. 国有林场森林资源可持续发展探析——以庐江县百花寨国有林场为例 [J]. 安徽林业科技, 2019,45(5):55-57.

[13] 郭赞, 郭如刚, 周景超. 连翘的繁殖技术及应用价值研究 [J]. 特种经济动植物, 2019,22(8):16-17.

[14] 何海燕, 邓维杰. 自然保护区周边发展生态友好型产品收益分析——以四川王朗自然保护区大熊猫友好型产品五味子为例 [J]. 沈阳农业大学学报 (社会科学

版),2018,20(1):11-17.

[15] 何巍 . 论青海湖裸鲤的依法保护与合理利用 [J]. 青藏高原论坛 ,2017,5(3):107-113.

[16] 何微微 , 晋玲 , 吕培霖 , 等 . 甘肃省藏药资源分布及构成研究 [J]. 中兽医医药杂志 ,
2018,37(1):86-88.

[17] 贺献林 , 陈玉明 , 李星 , 等 . 太行山区连翘生态种植技术 [J]. 现代农村科
技 ,2019(12):19.

[18] 胡鹏飞 , 刘华淼 , 邢秀梅 . 中国家养梅花鹿种质资源特性及其保存与利用的途径分
析 [J]. 中国畜牧兽医 ,2015,42(10):2732-2738.

[19] 胡雄贵 , 朱吉 , 任慧波 , 等 . 湖南地方猪——湘西黑猪种质资源特性调查与研究 [J].
养猪 ,2011(5):45-48.

[20] 湖南加快打造千亿油菜产业 [J]. 粮食科技与经济 ,2019,44(10):3.

[21] 贵州师范大学 . 我校 "花江模式" 亮相国家 "十二五" 科技创新成就展 [EB/OL].
(2016-06-08)[2020-01-05]. https://news.gznu.edu.cn/info/1010/34209.htm.

[22] 洪立国 , 李亚荣 , 商殿华 . 锡林浩特市草原划区轮牧设计方法 [J]. 内蒙古草
业 ,2009,21(2):63-65.

[23] 华盖木成濒危物种 , 植物 "大熊猫" 有待保护 [EB/OL]. (2012-8-8)[2020-10-10].
https://news.qq.com/a/20120808/000770.htm.

[24] 华泽祥 , 陈俊 , 郗启文 . 滇池金线鲃规模化繁育的几点经验 [J]. 科学养鱼 ,2018(9):11.

[25] 黄仁术 . 野大豆的资源价值及其栽培技术 [J]. 资源开发与市场 ,2008(9):771-
772,814.

[26] 解承林 . 对 "上农下渔" 综合开发的调研与建议 [J]. 山东农业 ,2001(4):43-44.

[27] 康逢义 , 李雁 . 甘肃省甘草资源可持续利用的对策 [J]. 甘肃农业 ,2013(2):53-54.

[28] "库布其模式" 破解了治沙世界难题 [EB/OL]. (2019-07-30)[2020-01-05]. http://
www.ce.cn/xwzx/gnsz/gdxw/201907/30/t20190730_32762792.shtml.

[29] 李晨曦 . 红树林的生态修复与滨海城市的景观营造——以三亚河红树林自然保护
区生态修复为例 [J]. 林业科技情报 ,2017,49(4):88-89,93

[30] 李文东 . 黄河三角洲 "上农下渔" 生态经济模式的价值评价 [J]. 生态经济 ,2002,
(9):59-61.

[31] 李晓靖 . 塞罕坝林场可持续经营发展战略探析 [J]. 绿色科技 ,2018(17):220,222.

[32] 李秀 , 胡桂忠 . 林间红色精灵——思茅大红菌 [J]. 思茅师范高等专科学校学
报 ,2010,26(3):19-21.

[33] 刘安榕,杨腾,徐炜,等.青藏高原高寒草地地下生物多样性:进展、问题与展望 [J].
生物多样性,2018,26(9):972-987.

[34] 刘法舜,王文芬,万民."上农下渔"——黄河三角洲荒碱地开发利用的新途径 [J].
农业科技通讯,1999(4):28.

[35] 麻文济.湘西黑猪品种资源保护与利用 [J].现代农业科技,2008(7):171,174.

[36] 马生林.保护青藏高原生物多样性刻不容缓 [A].中国环境科学学会.全国生物多
样性保护及外来有害物种防治交流研讨会论文集 [C].中国环境科学学会:北京晟
勖炎国际会议服务中心,2008:3.

[37] 平阳县依托南麂列岛海域国家级海洋牧场示范区引领渔业产业高质量发展 [EB/
OL]. (2019-12-16)[2020-01-05]. https://baijiahao.baidu.com/s?id=16530806710188484
17&wfr=spider&for=pc.

[38] 祁银燕,郝广婧,陈进福.青海省野生黑果枸杞种质资源调查 [J].青海农林科
技,2018(3):38-42.

[39] 青海湖裸鲤资源蕴藏量突破 10 万吨! [EB/OL]. (2020-12-03)[2020-12-05]. https://
baijiahao.baidu.com/s?id=1685068599271358653&wfr=spider&for=pc.

[40] 青海日报.一颗浆果一生情——记 2017 年度青海省科学技术重大贡献奖获得者索
有瑞 [EB/OL]. (2018-05-21)[2020-01-05]. https://baijiahao.baidu.com/s?id=160103237
2036718721&wfr=spider&for=pc.

[41] 青海省青藏高原特色生物资源研究重点实验室 [J].青海科技,2018,25(5):82.

[42] 曲靖市人民政府.中国工程院院士朱有勇团队到会泽开展林下有机三七种植
移栽培训会 [EB/OL]. (2018-12-27)[2020-10-10]. http://www.qj.gov.cn/html/2018/
linyeju_1227/66217.html.

[43] 任慧波,邓缘,罗开武,等.湘西黑猪(桃源黑猪)种质资源保护与开发利用现状 [J].
中国猪业,2013,8(S1):125-127.

[44] 山西产业扶贫产品展播:安泽连翘茶 [EB/OL]. (2020-08-28)[2020-10-15]. https://
www.sohu.com/a/415365525_161437.

[45] 四川苍溪县举行第六届红心猕猴桃网络采摘节 [EB/OL]. (2020-08-30)[2020-10-10].
https://baijiahao.baidu.com/s?id=1676431344567682418&wfr=spider&for=pc.

[46] 世界连翘在中国,中国连翘数安泽 [EB/OL]. (2017-07-27)[2020-10-15]. https://www.
sohu.com/a/160434327_684022.

[47] 宋德荣,彭华,周大荣,等.贵州黑山羊高效养殖技术与应用效果 [J].中国畜禽种

业 ,2009,5(5):48-51.

[48] 孙秋雨 , 邓缘 , 任慧波 , 等 . 湘西黑猪 (大合坪黑猪) 种质资源特性研究与开发利用情况 [J]. 中国猪业 ,2013,8(S1):114-116.

[49] 滕训辉 . 山西野生连翘资源保护与可持续利用研究 [J]. 中国医药导报 ,2010,7(34):81-82,115.

[50] 田昆 , 张国学 , 程小放 , 等 . 木兰科濒危植物华盖木的生境脆弱性 [J]. 云南植物研究 ,2003(5):551-556.

[51] 铁铮 . 弘扬塞罕坝林场的科学精神 [J]. 绿化与生活 ,2017(10):11-12.

[52] 万常学 . 塞罕坝林场可持续经营对策 [J]. 江西农业 ,2018(6):104.

[53] 王丹阳 , 吴铭 . 对黑龙江省野大豆保护与利用的研究 [J]. 林业勘查设计 ,2011(1):85-86.

[54] 王方琳 , 王祺 , 李爱德 , 等 . 荒漠区药用植物黑果枸杞研究现状综述 [J]. 中国水土保持 ,2019(5):57-60.

[55] 王培秋 , 贺沸泉 , 龚山华 , 等 . 安化县野大豆资源分布及保护 [J]. 作物研究 ,2005(3):54-55.

[56] 王巧燕 , 杨云中 , 陶永祥 . 西双版纳勐养子保护区党片区域大红菌可持续利用现状及管理对策 [J]. 林业调查规划 ,2011,36(5):53-55.

[57] 王玉玲 , 哈成勇 . 林麝的人工繁殖新技术及麝香研究进展 [J]. 中国中药杂志 ,2018,43(19):3806-3810.

[58] 吴民耀 , 王念 , 惠董娜 , 等 . 林麝保护的现状及研究进展 [J]. 重庆理工大学学报 (自然科学版),2011,25(1):34-39.

[59] 吴迎福 , 王亚蓉 . 喀斯特地区石漠化治理与生物多样性保护 [A]. 中国林学会 . 第九届中国林业青年学术年会论文摘要集 [C]. 中国林学会 ,2010:2.

[60] 西海都市报 . 黑果枸杞实现人工种植成功 [EB/OL]. (2014-10-30)[2020-10-09]. http://www.haixinews.com/system/2014/10/30/011542250.shtml.

[61] 郗啟文 , 陈俊 , 华泽祥 , 等 . 滇池金线鲃池塘种草健康养殖技术 [J]. 科学养鱼 ,2017(7):42.

[62] 奚蓉 , 刘胜祥 . 金沙江干热河谷地区植物资源利用潜力评价 [J]. 安徽农业科学 ,2019,47(24):94-96,99.

[63] 徐国建 . 资源集团助力湘西黑猪产业现代化 [J]. 湖南农业 ,2015(11):36-37.

[64] 徐扬帆 , 张秋平 , 徐明水 , 等 . 高含油高油酸油菜新品种 "帆鸣 1 号" 选育及品质分析 [J]. 分子植物育种 ,2020,18(15):5184-5190.

[65] 杨德明.景洪市人工栽培大红菌获得成功 [J]. 云南农业 ,2008(10):41.

[66] 杨小玉 , 刘格 , 郝莉雨 , 等 . 黑果枸杞研究现状及发展前景分析 [J]. 食品与药品 ,2018,20(6):473-477.

[67] 叶玲燕 , 许伟华 , 梁平 , 等 . 稻—油轮作模式下油菜栽培管理探讨 [J]. 现代农业科技 ,2019(22):31.

[68] 袁永俊 . 华盖木生存现状及其保护对策 [J]. 现代农业科学 ,2009,16(5):132-133.

[69] 云南怒江贡山县种植羊肚菌 , 拓宽增收路 [EB/OL].(2018-02-27)[2020-10-15]. https://yn.yunnan.cn/html/2018-02/27/content_5098070.htm.

[70] 运志强 , 王成勇 , 景凤强 , 等 . 巴林左旗马鹿茸加工利用探讨 [J]. 内蒙古林业 ,2015(2):32-33.

[71] 张福信 , 吴伟 , 范庆明 , 等 . 黄河三角洲地区"上农下渔"的研究和示范成果 [J]. 安徽农业科学 ,2007(14):4367,4369.

[72] 张骞 , 马丽 , 张中华 , 等 . 青藏高寒区退化草地生态恢复 : 退化现状、恢复措施、效应与展望 [J]. 生态学报 ,2019,39(20):7441-7451.

[73] 张晓敏 . 黄河三角洲荒碱地"上农下渔"开发模式探索 [J]. 河北农业科学 ,2008(6):116-117.

[74] 张永亮 . 基于 FSC 森林认证的可持续经营战略规划研究 [D]. 南京 : 南京林业大学 ,2008.

[75] 张庸萍 , 田军 , 田秀菊 , 等 . 湘西州湘西黑猪养殖现状调查与思考 [J]. 湖南畜牧兽医 ,2018(5):1-3.

[76] 张玉波 , 杜金鸿 , 李俊生 , 等 . 青藏高原生态系统发育与生物多样性 [J]. 科技导报 ,2017,35(12):14-18.

[77] 赵刚 . 鄯善梭梭接种肉苁蓉的相关技术要求和注意事项 [J]. 现代园艺 ,2019(15):83-84.

[78] 赵新全 , 周青平 , 马玉寿 , 等 . 三江源区草地生态恢复及可持续管理技术创新和应用 [J]. 青海科技 ,2017,24(1):13-19.

[79] 中国新闻网 . 湖南省油菜种植面积连续 6 年居中国第一 [EB/OL].(2021-03-10)[2021-03-11]. https://baijiahao.baidu.com/s?id=1693848349609587058&wfr=spider&for=pc.

[80] 走进云南西双版纳曼远村 , 中国首先恢复原始森林的村寨 [EB/OL]. (2017-11-28) [2020-01-05] https://www.sohu.com/a/207340882_658244.

参考资料

1. https://baijiahao.baidu.com/s?id=1693848349609587058&wfr=spider&for=pc.

2. http://www.haixinews.com/system/2014/10/30/011542250.shtml.

3. https://baijiahao.baidu.com/s?id=1676431344567682418&wfr=spider&for=pc.

4. http://shop.bytravel.cn/produce/82CD6EAA7EA25FC3731573346843/.

5. https://www.0839zol.com/guangyuan/quxian/34893.html.

6. http://www.qj.gov.cn/html/2018/linyeju_1227/66217.html.

7. http://www.isenlin.cn/sf_B84BD2104C054636BA86C4D589655A10_209_6FFD3590142.html.

8. https://news.qq.com/a/20120808/000770.htm.

9. https://yn.yunnan.cn/html/2018-02/27/content_5098070.htm.

10. https://www.sohu.com/a/160434327_684022.

11. https://www.sohu.com/a/415365525_161437.

12. https://www.163.com/news/article/BLNTJMUP00014Q4P.html.

13. https://baijiahao.baidu.com/s?id=1685068599271358653&wfr=spider&for=pc.

14. http://k.sina.com.cn/article_3057540037_b63e5bc5020010wwy.html.

15. https://china.huanqiu.com/article/9CaKrnK4ISQ.

16. https://baijiahao.baidu.com/s?id=1653080671018848417&wfr=spider&for=pc.

17. https://baijiahao.baidu.com/s?id=1601032372036718721&wfr=spider&for=pc.

18. https://www.shangxueba.com/jxjy/D2761DED.html.

19. https://news.gznu.edu.cn/info/1010/34209.htm.

20. https://www.sohu.com/a/207340882_658244.

21. http://www.ce.cn/xwzx/gnsz/gdxw/201907/30/t20190730_32762792.shtml.

22. https://www.baidu.com/link?url=RkTdZ3F4fjatUir5OsQe1lqdnwLo4giNv_32HrHAQK
    vNKAcoorMvMHFJaRw3KMobdr1po6Pdx1XkpN0ZlBKmh8P0ZXRgr2gG85raPjx-
    N4i&wd=&eqid=d3055ab20002232c0000000360ebfc00.